Ernst Probst

Die Horgener Kultur in der Schweiz

Eine Kultur der Jungsteinzeit vor etwa 3.500 bis 2.800 v. Chr.

Widmung

*Den Prähistorikern
Dr. Albert Hafner in Bern,
Dr. Jürg Rageth in Haldenstein,
Professor Dr. Elisabeth Schmid (1912–1994) in Basel und
Dr. René Wyss in Zürich gewidmet,
die mich bei meinen Büchern über die Steinzeit und Bronzezeit
unterstützt haben*

Impressum
Die Horgener Kultur in der Schweiz
1. Auflage als Printbuch: Januar 2021
Autor: Ernst Probst,
Im See 11, 55246 Mainz-Kostheim
Telefon: 06134/21152
E-Mail: ernst.probst (at) gmx.de
Herstellung: Amazon Distribution GmbH, Leipzig
Alle Rechte vorbehalten
ISBN: 979-8-595-01362-8

Vorwort

Die Horgener Kultur in der Schweiz ist das Thema des gleichnamigen Taschenbuches. Jene Kultur der Jungsteinzeit wurde nach dem Fundort Horgen-Scheller am Zürichsee benannt. Die Horgener Leute errichteten gern an Seeufern ihre Siedlungen, bauten Getreide an, hielten Rinder, Schweine, Schafe und Hunde als Haustiere, stellten aus Holz, Knochen, Geweih, Ton, Stein und Kupfer allerlei Produkte her, besaßen Einbäume und vielleicht auch Wagen, schmückten sich und schufen bescheidene Kunstwerke. Mit Palisaden befestigte Siedlungen, Pfeil- und Bogenfunde sowie ein durch einen Pfeilschuss getöteter Mann deuten auf unruhige Zeiten hin. Eventuell praktizierte man Witwentötung und einen Sonnenkult.

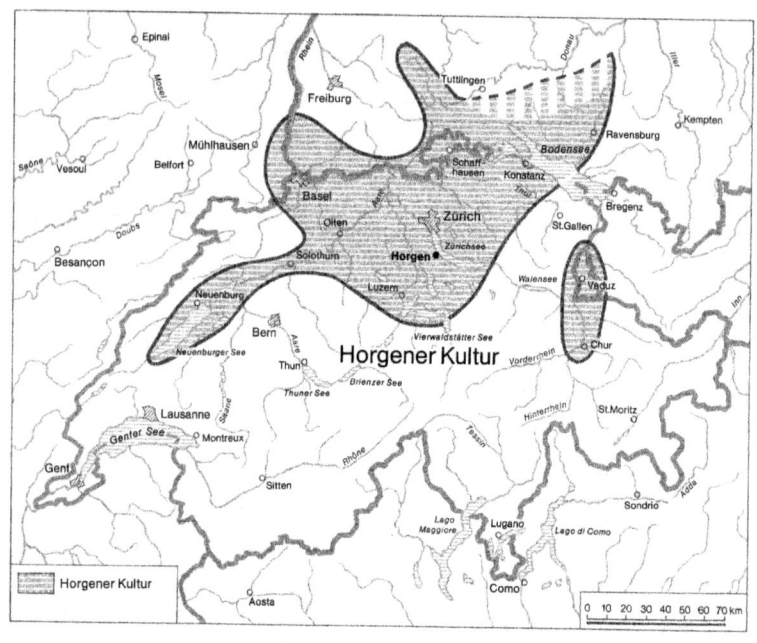

Verbreitung der Horgener Kultur in der Schweiz und in Deutschland. Karte von Adolf Böhm für das Buch „Deutschland in der Steinzeit" (1991) von Ernst Probst

Inhalt

Vorwort / Seite 3

Die Horgener Kultur in der Schweiz / Seite 7

Großsteingräber in der Schweiz / Seite 35

Die Horgener Kultur in Deutschland / Seite 47

Die Saône-Rhône-Kultur / Seite 63

Anmerkungen / Seite 73

Literatur / Seite 77

Der Autor / Seite 85

Bücher von Ernst Probst / Seite 86

Zürcher Prähistoriker Emil Vogt (1906–1974).
Foto: Schweizerisches Landesmuseum, Zürich

Die Horgener Kultur in der Schweiz

Zwischen etwa 3.500 und 2.800 v. Chr. erschien in den Kantonen Neuenburg, Freiburg, Bern, Basel, Aargau, Zürich, Zug, Schaffhausen, Thurgau und Sankt Gallen die Horgener Kultur. Sie war außerdem in Süddeutschland (Baden-Württemberg) und im Bündner Rheintal verbreitet. Die Horgener Kultur löste in der Ostschweiz und am Bodensee die Pfyner Kultur (etwa 4.000 bis 3.500 v. Chr.) und in der Westschweiz die Cortaillod-Kultur (etwa 4.000 bis 3.500 v. Chr.) ab.
Das Auftreten der Horgener Kultur in weiten Teilen der Schweiz war mit einem spürbaren kulturellen Rückschritt innerhalb der Entwicklung der europäischen Jungsteinzeit verbunden. Dieser spiegelte sich vor allem in der Keramik wider, die deutlich primitiver ist als in früheren Kulturen.
Den Begriff Horgener Kultur hat 1934 der Zürcher Prähistoriker Emil Vogt (1906–1974) eingeführt. Dabei berief er sich auf die für diese Kultur typischen Funde aus der Ufersiedlung Horgen-Scheller am Zürichsee. Erste Fundbeobachtungen gab es dort bereits 1914 bei Baggerarbeiten für Werftanlagen, weitere bei Aushüben 1917, 1921, 1923 und 1972. Sondierungen erfolgten 1973, 1978, 1981 und 1982, Flächengrabungen unter Wasser und an Land von 1987 bis 1990.
Zum Fundgut von Horgen-Scheller gehören Gefäße und Webgewichte aus Ton, Werkzeuge aus Stein, Knochen, Geweih und Holz, Schnur- und Geflechtreste, unbearbeitete Tierknochen (oft vom Hirsch) sowie Getreide- und Obstreste.
Die Horgener Kultur fiel in das erste Jahrtausend des Subboreals (etwa 3.800 bis 800 v. Chr.). Nach dem Ende der Piora-

Horgen am westlichen Ufer des Zürichsees.
Luftbild von Walter Mittelholzer (1894–1934 von 1919.
Foto: ETH-Bibliothek (via Wikimedia Commons),
Lizenz: gemeinfrei (Public domain)

Schwankung wurde das Klima vorübergehend günstiger, was in den Alpen zu einem Anstieg der Waldgrenze auf 2.000 bis 2.400 Meter über dem Meeresspiegel führte. Im Hauptverbreitungsgebiet der Horgener Kultur war die Landschaft durch eichenreiche Buchenwälder geprägt, während in den benachbarten Voralpen und im Jura Weißtannen- und Fichtenwälder vorherrschten.

Nach den Tierknochenfunden aus Feldmeilen (Flur Vorderfeld) zu schließen, lebten in der Gegend des Zürichsees unter anderen Gänsesäger, Biber, Igel, Rothirsche, Rehe, Steinböcke, Gämsen, Auerochsen, Wildschweine, Braunbären, Füchse, Dachse und Wildkatzen.

Vermutlich wurden die Horgener Leute ebenso wie Angehörige anderer Kulturen der Jungsteinzeit nur 1,50 bis 1,65 Meter groß und selten mehr als 40 Jahre alt. Ein menschlicher Unterkiefer liegt aus dem namengebenden Fundort Horgen-Scheller am Zürichsee vor. In Horgener Schichten von Meilen-Feldmeilen-Vorderfeld am Zürichsee stieß man 1971 bei Ausgrabungen auf Skelettreste von fünf Menschen. Besonders interessant von diesem Fundort ist das Skelett eines etwa 25 bis 30 Jahre alten Mannes, der durch einen Pfeilschuss von hinten ums Leben kam. Der Pfeil mit einer Spitze aus Feuerstein hinterließ am linken Schulterblatt auf Höhe der sechsten Rippe eine Verletzungsspur. Ein menschliches Skelett ohne Kopf sowie einzelne menschliche Knochen wurden bei Rettungsgrabungen von 2010 beim Parkhaus Opéra in Zürich entdeckt. Nach Ansicht des an den Ausgrabungen beim Parkhaus Opéra beteiligten Archäologen Roland Sojka zelebrierten die Pfahlbauer gelegentlich Rituale, bei denen sie gefangen genommene Menschen feindselig gestimmter Siedlungen töteten und verspeisten.

Manche Prähistoriker bringen die Doppelbestattung einer Frau und eines Mannes aus dem Steinkistengrab von Opfikon im

Überholte Rekonstruktion der Pfahlbaustation
Obermeilen auf einer Holzplattform im Zürichsee,
Plan und Rekonstruktion von Ferdinand Keller (1800–1881).
Tafel in den Mitteilungen
der Antiquarischen Gesellschaft in Zürich,
Band 9, II. Abteilung, Heft 3, Zürich 1854

Kanton Zürich mit der Horgener Kultur in Zusammenhang.[1] Das Grab kam 1931 bei Bauarbeiten auf einer Geflügelfarm zum Vorschein. Der Zürcher Anthropologe Otto Schlaginhaufen (1879–1973) hat für die Frau eine Körpergröße von nur 1,45 Meter errechnet. Der neben ihr liegende Mann soll kaum größer gewesen sein.

Die Horgener Leute siedelten gern an Seeufern, manchmal aber auch weitab von Seen und mitunter sogar in Höhenlagen. Letzteres war beispielsweise auf dem Petrushügel bei Cazis[2] im Domleschg (Kanton Graubünden) und oberhalb von Egerkingen auf der Höhensiedlung Ramelen[3] im Solothurner Jura der Fall. Manche Siedlungen waren zum Schutz vor Angriffen von Palisaden umgeben. Zäune umfriedeten vielleicht Viehkrale.

Nach den zahlreichen Funden am Zürichsee und am Zuger See zu schließen, waren diese beiden Gewässer von einem Kranz von Seeufersiedlungen umgeben. Am Zürichsee lagen – teilweise zu unterschiedlichen Zeiten – die Seeufersiedlungen Zürich-Großer Hafner[4], Zürich-Wollishofen[5], Haumesser, Zürich-Rentenanstalt[6], Zürich-Bauschanze[7], Zürich--Kleiner Hafner[8], Zürich-Utoquai[9], Zürich-Seewarte[10], Erlenbach-Wyden[11], Meilen-Feldmeilen-Vorderfeld, Meilen-Im Grund, Meilen-Obermeilen[12], Stäfa-Uerikon, Feldbach-Im Länder, Freienbach und die namengebende Siedlung Horgen--Scheller. An etlichen dieser Fundstellen hatten früher Dörfer der Pfyner Kultur gelegen.

In der Übergangszeit von der Pfyner Kultur zur Horgener Kultur ereignete sich in der Seeufersiedlung Arbon-Bleiche 3 am Bodensee (Kanton Thurgau) ein verheerender Brand, dem das ganze Dorf zum Opfer fiel. Diese Brandkatastrophe geschah nach 15jähriger Besiedlungszeit. Als Brandursache kommen ein Unglück oder ein Überfall in Betracht.

*Rettungsgrabung beim Parkhaus Opéra in Zürich im Juni 2010.
Foto: Roland Fischer, Zürich (Switzerland) / CC BY-SA 3.0
(via Wikimedia Commons),
lizensiert unter Creative-Commons-Lizenz by-sa-3.0-en,
https://creativecommons.org/licenses/by-sa/3.0/legalcode*

Eine Rettungsgrabung vom 26. April 2010 bis zum 31. Januar 2011 förderte beim Parkhaus Opéra in Zürich umfangreiche Hinterlassenschaften von fünf prähistorischen Siedlungen zutage. Unter den zahlreichen Funden war eine ungefähr 5.000 Jahre alte, 1,53 Meter hohe und 88 Zentimeter breite Türe. Mehr als 23.000 Fundgegenstände, 28.000 Bauhölzer und über 2.000 naturwissenschaftliche Proben lieferten die Grundlage für eine umfassende Rekonstruktion der ehemaligen Dörfer und ihrer Umwelt.

Am Zuger See erstreckten sich – ebenfalls teilweise zu unterschiedlichen Zeiten – die Seeufersiedlungen Zug-Schützenhaus[13], Zug-Vorstadt, Zug-Schutzengel[14], Steinhausen-Sennwald, Cham-Bachgraben[15], Hünenberg-Chämleten[16], Risch-Schwarzbach-Nord[17], Risch-Schwarzbach-Mitte, Risch III-West[18], Risch-Oberrisch und Risch III-Ost.

Andere Seeufersiedlungen befanden sich am Pfäffiker See (Irgenhausen) im Kanton Zürich, am Baldegger See (Seematte[19]), am ehemaligen Wauwiler See im Kanton Luzern, am Bieler See (Twann) im Kanton Bern oder am Neuenburger See (Portalban-Les Greves) im Kanton Neuenburg, um noch einige Beispiele zu nennen.

Zu solchen Seeufersiedlungen gehörten einige Häuser mit einem oder zwei Räumen. Sie hatten ebenerdige Holzfußböden, die mit einem Lehmestrich versehen wurden.

Für die Menschen der Horgener Kultur spielten der Fischfang und die Jagd keine bedeutende Rolle, da sie in erster Linie Ackerbauern und Viehzüchter waren. Sie bauten Emmer, Einkorn, sechszeilige Gerste, Hirse, Erbsen und Schlafmohn an und besaßen vielleicht auch Pflüge. Als Haustiere hielten sie Rinder, Schweine, Schafe und Hunde. Knochenreste vom Rind, Schaf und Hund kennt man unter anderem aus der Ufersiedlung Seematte am Baldegger See nördlich von Luzern.

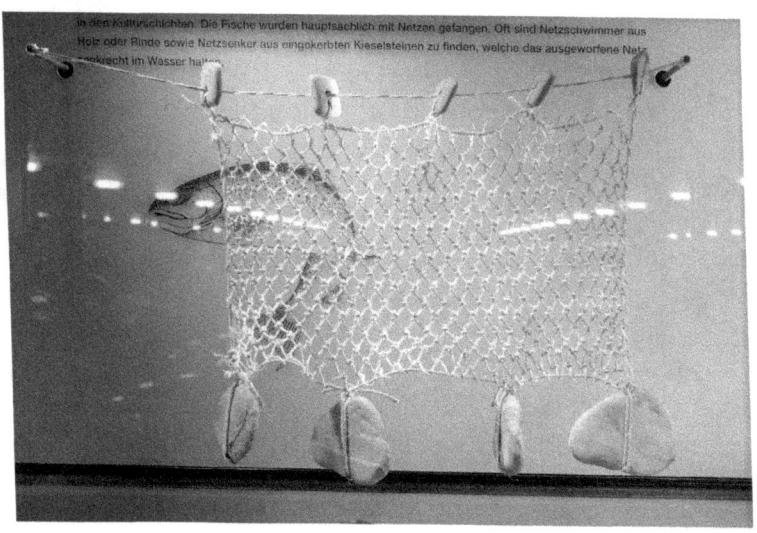

*Nachbildung eines Netzes der Horgener Kultur zum Fischfang
in „Archäologie im Parkhaus Opéra", Zürich.
Foto: Roland Fischer, Zürich (Switzerland) / CC BY-SA 3.0
(via Wikimedia Commons),
lizensiert unter Creative-Commons-Lizenz by-sa-3.0,
https://creativecommons.org/licenses/by-sa/3.0/legalcode*

*Topf der Horgener Kultur mit Resten von Pflanzen und Speisen
in „Archäologie im Parkhaus Opéra", Zürich.
Foto: Roland Fischer, Zürich (Switzerland) / CC BY-SA 3.0
(via Wikimedia Commons),
lizensiert unter Creative-Commons-Lizenz by-sa-3.0,
https://creativecommons.org/licenses/by-sa/3.0/legalcode*

*Webgewichte der Horgener Kultur
in „Archäologie im Parkhaus Opéra", Zürich.
Foto: Roland Fischer / CC BY-SA 3.0 (via Wikimedia Commons),
lizensiert unter Creative-Commons-Lizenz by-sa-3.0,
https://creativecommons.org/licenses/by-sa/3.0/legalcode*

Ein 1979 bei einer Notgrabung in der Seeufersiedlung Zürich-Seehofstraße entdecktes Wagenrad aus Ahornholz mit einem Durchmesser von 54 Zentimetern könnte, wenn es nicht während der Pfyner Kultur hergestellt wurde, aus der Zeit der Horgener Leute stammen. Die Fundstelle Zürich-Seehofstraße wird auch Zürich-Seehofstraße-AKAD oder Zürich-AKAD genannt, weil sich dort ein Gebäude der AKAD (Akademikergemeinschaft für Erwachsenenbildung) befindet. Auf den Bau von Einbäumen als Wasserfahrzeuge deutet ein 10,5 Zentimeter langes Einbaummodell aus der Seeufersiedlung Meilen-Feldmeilen-Vorderfeld am Zürichsee hin. Das Modell diente wohl als Kinderspielzeug.
Die Kleidung der Horgener Leute bestand aus leinenen Jacken und Röcken sowie sandalenartigen Schuhen aus Bast. Von der damaligen Webkunst zeugen außer Spinnwirteln auch Gewebereste mit vierfarbigen Ziermotiven aus der Seeufersiedlung Irgenhausen am Pfäffiker See sowie das Fragment eines Leinengewebes mit Webekante und Abschlussborte mit Fransen aus der Seeufersiedlung Zürich-Utoquai. Wie das Schuhwerk beschaffen war, lassen Reste von sieben sandalenartigen Schuhen aus Baststreifen erkennen, die man 2018 in Maur am Greifensee (Kanton Zürich) barg. Besonders gut erhalten war eine Art Sandale mit einer Länge von 26 Zentimetern, was der gegenwärtigen Schuhgröße 41 entspricht.
Andere Funde geben Auskunft darüber, wie man sich zu dieser Zeit schmückte. Beispielsweise wurden in der Siedlung Muntelier (Kanton Freiburg) zwei Halsketten mit Hunderten von Knochenscheibchen zusammen mit Anhängern aus durchbohrten Tierzähnen und Steinplättchen entdeckt. Am selben Fundort barg man außerdem breitovale Muschelscheibchen mit zweifacher Durchbohrung. Die von verschie-

*Halskette aus Hunderten kleinster Knochenscheibchen,
durchlochten Tierzähnen und Steinplättchen
von Muntelier/Platzbünden, Kanton Freiburg.
Längster Tierzahn 3,3 Zentimeter.
Original und Foto im Kantonalen Archäologischen Dienst,
Freiburg. (Schweiz)*

*Schmuckkette der Horgener Kultur
in „Archäologie im Parkhaus Opéra", Zürich.
Foto: Roland Fischer / CC BY-SA 3.0 (via Wikimedia Commons),
lizensiert unter Creative-Commons-Lizenz by-sa-3.0,
https://creativecommons.org/licenses/by-sa/3.0/legalcode*

*Frau aus der Zeit der Horgener Kultur mit Schmuck und Kamm
bei der Morgentoilette.
Die damaligen Kämme bestanden teilweise aus Holz
und hatten eine Öse zum Aufhängen.
Zeichnung von Fritz Wendler (1941–1995)
für das Buch „Deutschland in der Steinzeit" (1991) von Ernst Probst*

denen Orten bekannten Anhänger aus Tierzähnen stammten von Braunbären oder Hunden.
Auch Hirschgeweihsprossen hat man gern zu Anhängern verarbeitet. In Portalban am Neuenburger See kam als Seltenheit ein dünner halbmondförmiger Anhänger aus Kupfer zum Vorschein.
Ein 8,5 Zentimeter langer hölzerner Kamm mit sechs Zinken und einer Öse aus Meilen kann als Hinweis auf die Pflege der Haare gewertet werden. Dieser Kamm hatte eine Öse, an der man ihn aufhängen konnte.
Die Horgener Leute haben auch bescheidene Kunstwerke geschaffen. So ist auf der Tonscherbe eines großen Vorratsgefäßes aus der Seeufersiedlung Meilen-Feldmeilen-Vorderfeld eine mit eingestochenen Punkten dargestellte menschliche Figur zu erkennen. Sie gilt als die älteste, auf einem Tongefäß abgebildete Menschenfigur in der Schweiz. Eine Scherbe aus Eschenz-Seeäcker im Kanton Thurgau trägt ein in Punktmanier porträtiertes menschliches Gesicht. Andere Keramikreste enthalten Ritzverzierungen, die vielleicht symbolischen Charakter haben. Hierzu zählt ein Keramikfragment vom Lutzengüetle bei Eschen in Liechtenstein mit einem strahlenartigen Motiv, das vielleicht die Sonne darstellt.
Die Töpfer der Horgener Kultur modellierten auffallend grobe, dickwandige und plumpe zylindrische Tongefäße. Darin konnte man nicht nur Lebensmittel aufbewahren, sondern auch Speisen wärmen oder erhitzen. Weil sich die Horgener Kultur mit ihrer groben Keramik von ihren Vorgängerkulturen unterschied, vermutete man zeitweise, die Horgener Leute seien Einwanderer gewesen. Funde im baden-württembergischen Sipplingen am Bodensee deuten eher auf einen fließenden Kulturwandel und einen bodenständigen Ursprung hin.

*Fragment eines Topfes der Horgener Kultur mit Verzierung
vom Fundort Zürich-Parkhaus Opéra.
Foto: Roland Fischer, Zürich (Switzerland) / CC BY-SA 3.0
(via Wikimedia Commons),
lizensiert unter Creative-Commons-Lizenz by-sa-3.0,
https://creativecommons.org/licenses/by-sa/3.0/legalcode*

*Fragment eines Topfes der Horgener Kultur mit Verzierungen
vom Fundort Zürich-Parkhaus Opéra.
Foto: Roland Fischer, Zürich (Switzerland) / CC BY-SA 3.0
(via Wikimedia Commons),
lizensiert unter Creative-Commons-Lizenz by-sa-3.0,
https://creativecommons.org/licenses/by-sa/3.0/legalcode*

24.

*Großer Topf der Horgener Kultur
vom Fundort Tamins/Crestis im Kanton Graubünden.
Seine Verzierung besteht aus regelmäßig angeordneten
waagrechten Leisten.
Höhe 42,3 Zentimeter,.
Original und Foto im Rätischen Museum Chur.*

Typische Formen waren große Töpfe, gedrungene eiförmige Gefäße und einfache Schalen. Die Wände der größten dieser Tongefäße waren bis zu vier Zentimeter dick. Dem dafür verwendeten Ton fügte man Sand und andere grobkörnige Mineralien zu. Darunter befanden sich sogar Sandkörner von einem Zentimeter Durchmesser. Die Tongefäße waren unter dem Rand oft mit Stichen verziert oder mit umlaufenden Rillen versehen.

Wie ihre Zeitgenossen in Süddeutschland haben die Horgener Leute in der Schweiz aus Holz mancherlei Gefäße geschnitzt. Die hölzernen Schüsseln oder Schöpfkellen hatten gegenüber Tongefäßen den Vorteil, dass sie bruchfester waren.

Als Rohmaterial bei der Herstellung von Werkzeugen benutzte man Feuerstein, Felsgestein, Holz, Knochen und Geweih. Aus Feuerstein schlug man Messer zurecht, die man häufig mit Griffen versah, wie zahlreiche Funde rund um den Zürichsee zeigen. Felsgestein schliff man zu Klingen von Steinbeilen. Vom Fleiß eines Steinschleifers der Horgener Kultur zeugen in Muntelier mehr als 1.000 Schleifsteine mit teilweise starken Schleifspuren auf allen Seiten. Vermutlich war der einst hier tätige Horgener auf das Anfertigen geschliffener Steinbeile spezialisiert. Außerdem verfügten diese Bauern über Hacken aus festem Eichenholz mit im Feuer gehärteten Schneiden sowie über Geweihfassungen für Steinbeile und Dechsel.

Lange Zeit fand man in Horgener Siedlungen keine Gusstiegel zur Kupferherstellung. Fertige Kupferprodukte galten als große Seltenheiten. Deshalb bezeichnete man die Horgener Kultur im Gegensatz zur vorhergehenden Pfyner Kultur, welche in der Schweiz die ersten Kupfergießer hervorbrachte, als kupferablehnend. Inzwischen kennt man aber Gusstiegel zum Aufschmelzen von Rohkupfer aus Horgener Siedlungen. Allein in Risch-Oberrisch und Aabach (Kanton Zug) kamen drei

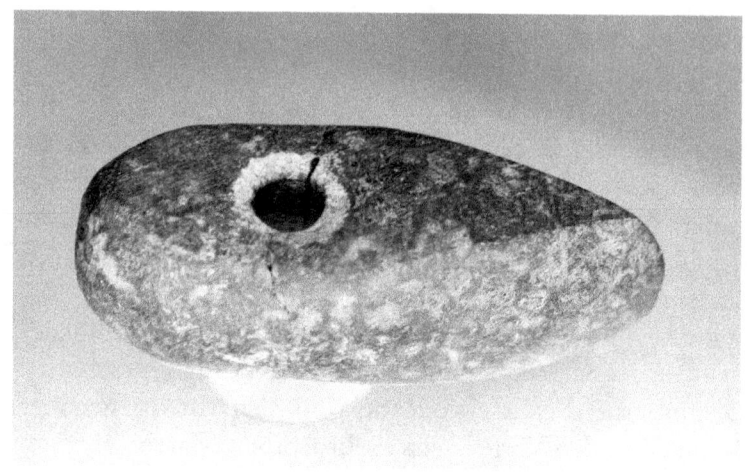

*Lochaxt der Horgener Kultur
in „Archäologie im Parkhaus Opéra", Zürich.
Foto: Roland Fischer, Zürich (Switzerland) / CC BY-SA 3.0
(via Wikimedia Commons),
lizensiert unter Creative-Commons-Lizenz by-sa-3.0,
https://creativecommons.org/licenses/by-sa/3.0/legalcode*

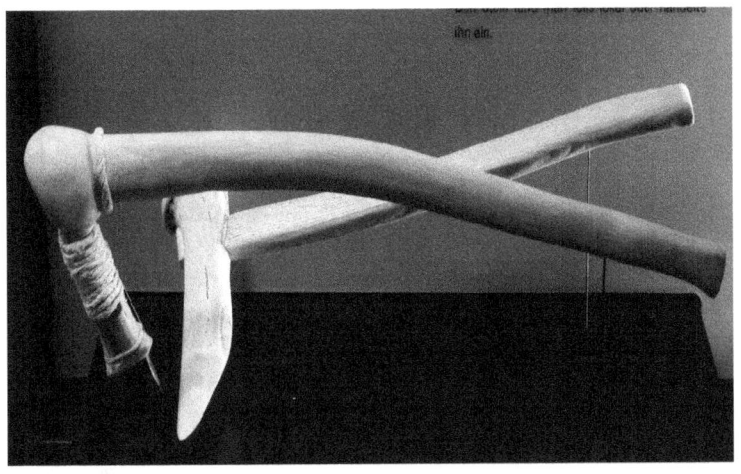

*Beil und Hacke der Horgener Kultur
vom Fundort Zürich-Parkhaus Opéra.
Foto: Roland Fischer, Zürich (Switzerland) / CC BY-SA 3.0
(via Wikimedia Commons),
lizensiert unter Creative-Commons-Lizenz by-sa-3.0-de,
https://creativecommons.org/licenses/by-sa/3.0/legalcode*

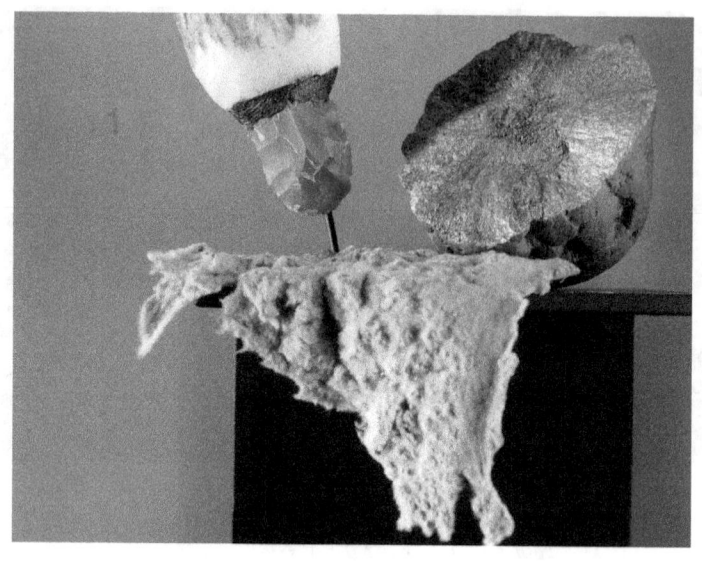

Feuerschlägel mit Schwefelkries und Zunder
in „Archäologie im Parkhaus Opéra", Zürich.
Foto: Roland Fischer, Zürich (Switzerland) / CC BY-SA 3.0
(via Wikimedia Commons),
lizensiert unter Creative-Commons-Lizenz by-sa-3.0,
https://creativecommons.org/licenses/by-sa/3.0/legalcode

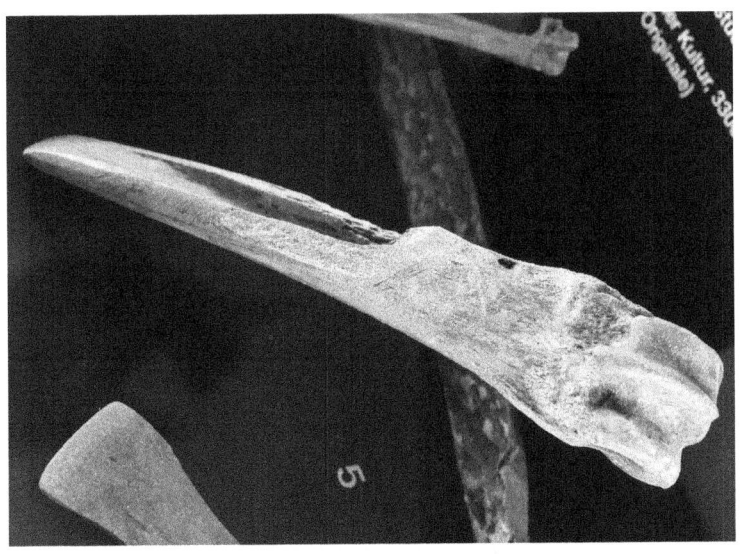

*Meißel der Horgener Kultur aus Geweih
in „Archäologie im Parkhaus Opéra", Zürich.*
*Foto: Roland Fischer / CC BY-SA 3.0 (via Wikimedia Commons),
lizensiert unter Creative-Commons-Lizenz by-sa-3.0,
https://creativecommons.org/licenses/by-sa/3.0/legalcode*

*Rekonstruktion von Pfeil und Bogen der Horgener Kultur
vom Fundort Zürich-Parkhaus Opéra
in „Archäologie im Parkhaus Opéra", Zürich.
Foto: Roland Fischer, Zürich (Switzerland) / CC BY-SA 3.0
(via Wikimedia Commons),
lizensiert unter Creative-Commons-Lizenz by-sa-3.0,
https://creativecommons.org/licenses/by-sa/3.0/legalcode*

*Pfeilspitze der Horgener Kultur
vom Fundort Zürich-Parkhaus Opéra
in „Archäologie im Parkhaus Opéra", Zürich.
Foto: Roland Fischer, Zürich (Switzerland) / CC BY-SA 3.0
(via Wikimedia Commons),
lizensiert unter Creative-Commons-Lizenz by-sa-3.0,
https://creativecommons.org/licenses/by-sa/3.0/legalcode*

*Reproduktion eines Silex-Dolches der Horgener Kultur
aus Norditalien vom Fundort Zürich-Parkhaus Opéra
in „Archäologie im Parkhaus Opéra", Zürich.
Foto: Roland Fischer, Zürich (Switzerland) / CC BY-SA 3.0
(via Wikimedia Commons),
lizensiert unter Creative-Commons-Lizenz by-sa-3.0,
https://creativecommons.org/licenses/by-sa/3.0/legalcode*

Gusstiegel mit starken Hitzespuren auf der Oberseite und im Inneren zum Vorschein. Einen Gusstiegel barg man in Feldmeilen-Vorderfeld am Zürichsee.
Als Fernwaffe für die Jagd oder den Kampf besaßen die Horgener Leute Pfeil und Bogen. Allein am Fundort Parkhaus Opéra in Zürich kamen mehr als 20 Bogen und etliche Pfeilspitzen ans Tageslicht. Pfeilspitzen fand man auch unter den Beigaben der eingangs erwähnten Doppelbestattung von Opfikon. Zwei davon waren dreieckig geformt, die übrigen dreigestielt. Dem männlichen Verstorbenen von Opfikon hatte man zudem einen 13 Zentimeter langen Feuersteindolch vor das Gesicht gelegt und ein kleines grünliches Steinbeil mitgegeben. Bei der Frau fand man ein zerbrochenes Feuersteinmesser.
Wenn die Opfikoner Doppelbestattung tatsächlich in der Zeit der Horgener Kultur erfolgt wäre – was nicht gesichert ist –, hätte man damals die Verstorbenen unverbrannt in Steinkistengräbern bestattet. Die Beigaben könnte man als Indizien für den Glauben an das Weiterleben im Jenseits betrachten. Manche Prähistoriker vermuten, die Frau habe dem zuerst ins Grab gelegten Mann in den Tod folgen müssen. Träfe dies zu, wäre es ein Beleg für Witwentötung. Gesichert ist lediglich, dass der linke Arm der Frau über dem rechten Arm des Mannes lag.
Welcher Art die Religion der Horgener Leute war, ist unbekannt. Es könnte sich um einen Fruchtbarkeitskult gehandelt haben, wegen der Sonnensymbole auf der Keramik aber auch um einen Sonnenkult. Denkbar ist auch eine Beeinflussung durch die Vorstellungen, die mit den Megalithgräbern verbunden waren. Solche Großsteingräber wurden von Angehörigen der etwa zeitgleichen Seine-Oise-Marne-Kultur errichtet und sind teilweise auch in der Schweiz nachweisbar.

Dolmen von Aesch (Kanton Basel).
Foto: Tschumi / CC BY-SA 2.0 (via Wikimedia Commons),
lizensiert unter Creative-Commons-Lizenz by-sa-2.0-en,
https://creativecommons.org/licenses/by-sa/2.0/legalcode

Großsteingräber in der Schweiz

In einigen Teilen der Westschweiz kennt man schon seit Jahrzehnten eindrucksvolle Großsteingräber mit zahlreichen nacheinander erfolgten Bestattungen. Solche Grablegen sind in den Kantonen Neuenburg, Bern und Basel entdeckt worden. Ihre kulturelle Zugehörigkeit ist umstritten. Zeitweise wurden zumindest die Großsteingräber in Neuenburg und Bern sowie im Kanton Jura mit einer westschweizerischen Variante der Horgener Kultur in Verbindung gebracht. Diese stand mit der in Nordfrankreich heimischen Seine-Oise-Marne-Kultur in enger Beziehung.

Der Begriff Seine-Oise-Marne-Kultur wurde 1926 von den spanischen Prähistorikern Pere Bosch-Gimpera (1891–1974) aus Barcelona und Josep C. Serra-Rafols (1902–1971) geprägt. Sie hatten erkannt, dass sich die Fundorte dieser Kultur in den Gebieten der Flüsse Seine, Oise und Marne häuften.

Zu den Großsteingräbern in der Schweiz gehört vor allem eine Form, bei der die Seitenwände durch Steinplatten gebildet wurden, die man mit weiteren Steinplatten überdeckte. Die Bestattungen in einem solchen Steinkistengrab erfolgten durch die im oberen Teil einer Steinplatte eingemeißelte runde und enge Öffnung. Letztere wurde früher in Anlehnung an skandinavische Bräuche als „Seelenloch" bezeichnet. Das Seelenloch war einst vielleicht als eine Art Tür gedacht, durch die Lebende und Tote kommunizieren konnten.

Diese Großsteingrabform wurde 1966 von dem Tübinger Prähistoriker Egon Gersbach (1921–2020) als Dolmen vom Typ Aesch-Schwörstadt bezeichnet. Der Name erinnert an

Fritz Sarasin (1859–1942, links) und Paul Sarasin (1856–1929 in der Studentenverbindung Zofingia.
Foto: ETH-Zürich / ETH-Library / CC BY-SA 4.0

entsprechende Gräber in Aesch (Kanton Basel) und in Schwörstadt bei Säckingen in Baden-Württemberg – also außerhalb der Westschweiz.
Großsteingräber mit Lochplatte kennt man außer in Aesch und Schwörstadt auch in Laufen (Kanton Basel-Landschaft), Courgenay und Fregiecourt (Kanton Jura) sowie von Fresens (Kanton Neuenburg). In Frankreich sind sie an der oberen Saône konzentriert. Ähnlichkeit mit diesen Steinkistengräbern haben die Gräber der Wartberg-Gruppe (etwa 3.500 bis 2.800 v. Chr.) in Hessen und Westfalen.
Der Dolmen von Aesch wurde 1907 von Karl Blarer entdeckt und 1909 durch die Vettern Fritz Sarasin (1859–1942) und Paul Sarasin (1856–1929) aus Basel untersucht. Dabei entdeckte man Skelettreste von 33 Erwachsenen und 14 Kindern. Vermutlich diente der Dolmen als Gemeinschaftsgrab einer Sippe. Die 4 mal 3 Meter große Kammer des Dolmen wird aus 17 aufrecht stehenden Steinplatten gebildet und wurde ursprünglich mit Steinplatten bedeckt. Der Boden dieses Großsteingrabes war mit Steinen gepflastert. Über dem Dolmen schüttete man einen 4 Meter hohen Hügel mit einem Durchmesser von etwa 10 bis 12 Metern auf. Eine 1993 an der ETH Hönggenberg in Zürich durchgeführte C14-Datierung ergab ein Entstehungsjahr des Dolmen von Aesch um 2.400 v. Chr, Dies ist für die Horgener Kultur zu wenig.
Der außerhalb der Schweizer Grenzen liegende Dolmen von Schwörstadt (Landkreis Lörrach) wurde 1844 von dem Freiburger Professor Heinrich Schreiber (1793–1872) als „Heidentempel" erwähnt (heute wird er auch Heidenstein genannt). Damals stand nur noch der 3,30 Meter hohe und breite Türlochstein. Die übrigen Steine des Großsteingrabes, das zuletzt als Rebhäuschen diente, hatte man um 1823 bei Straßenbauarbeiten entfernt. Dabei sollen menschliche Skelettreste von

*Dolmen Heidenstein von Schwörstadt (Landkreis Lörrach)
in Baden-Württemberg.
Foto: Tschumi / CC BY-SA 3.0 (via Wikimedia Commons),
lizensiert unter Creative-Commons-Lizenz by-sa-3.0-en,
https://creativecommons.org/licenses/by-sa/3.0/legalcode*

mehr als einem Toten entdeckt worden sein. Im Sommer 1922 nahm der Säckinger Heimatforscher Emil Gersbach (1855–1963) eine Probegrabung vor, bei der er nur einige unbestimmbare Tonscherben sowie Bruchstücke von Hornsteinwerkzeugen fand. Eine weitere Grabung erfolgte im Oktober 1926 durch den Freiburger Prähistoriker Georg Kraft (1894–1944). Dabei wurden außer Kieferresten und Zähnen von insgesamt 19 Menschen unter anderem Tierknochen und 13 durchlochte Tierzähne vom Hund oder Fuchs geborgen. Dolmen 1 von Laufen kam 1946 auf dem Gelände einer Wandplattenfabrik ans Tageslicht. Ihn hat der Architekt Alban Gerster aus Laufen ausgegraben. Die trapezförmige, 2,05 mal 1,75 Meter große Grabkammer besteht aus Kalksteinplatten, von denen die Ostplatte vermutlich ein Seelenloch enthielt, durch das vermutlich Skelette in die Grabkammer geschoben wurden. In der Kammer lagen schlecht erhaltene Skelettreste sowie 121 Zähne von 24 Erwachsenen und 8 Kindern. Ungefähr 120 Meter südöstlich von Dolmen 1 entfernt legte im Februar 2000 ein Bagger eine 2,90 mal 1,70 Meter große Kalksteinplatte des Dolmen 2 frei. Dabei handelte es sich vermutlich um eine Seitenplatte, die man nach einer Plünderung im römischer Zeit liegengelassen hat. Die übrigen Steinplatten dienten wahrscheinlich als Baumaterial für eine nahegelegene römische Villa von Laufen-Müschhag.

Zwei Proben menschlicher Knochen aus dem Dolmen 2 von Laufen ergaben Datierungen zwischen 2.920 und 2.779 v. Chr., was in die Zeit der Horgener Kultur fällt. Die 1946 und 2000 entdeckten Dolmen stehen heute restrauriert in einem gemeinsamen gläsernen Schutzbau vor der Katharinenkirche von Laufen.

Ein anderer Typ der Großsteingräber – Allee couverte genannt – wurde 1876 in Auvernier am Neuenburger See (Kanton

*Restaurierte Dolmen von Laufen (Kanton Basel-Landschaft)
unter einem gläsernen Schutzbau vor der Katharinenkirche
Foto: Tschumi / CC BY-SA 2.0 (via Wikimedia Commons),
lizensiert unter Creative-Commons-Lizenz by-sa-2.0-en,
https://creativecommons.org/licenses/by-sa/2.0/legalcode*

Neuenburg) aufgedeckt. Dabei handelt es sich um einen mannshohen, dreigliedrigen Bau mit zentralem Bestattungsraum, an den seitliche schmale Gänge angegliedert waren. Über den Eingang im Südosten gelangte man in einen kleinen Vorhof und dann in die Hauptkammer, in der man 13 menschliche Schädel und etliche Langknochen barg. Zusammen mit den Skelettresten von Nachbestattungen aus den seitlichen Gängen sind in dieser Anlage insgesamt etwa 20 Tote zur letzten Ruhe gebettet worden. Sie hatten nur wenige Beigaben wie durchbohrte Eberhauer, Wolfs- und Bärenzähne sowie eine Beilklinge erhalten.

Als Rest eines ehemaligen Großsteingrabes gilt der 2,50 Meter hohe, 2,30 Meter breite und rund einen halben Meter dicke Seelenlochstein Pierre-Percée (Lochstein) von Courgenay im Kanton Jura. Das ovale Seelenloch ist 35 bis 41 Zentimeter groß. Der heutige Standort des Lochsteins gilt nicht als der ursprüngliche, der unbekannt ist. 1716 verkannte der Jesuitenpater Dunod diesen Seelenlochstein als Siegesmonument des Germanenkönigs Ariovist über die Gallier. Bei einer Grabung am Fuß dieser Steinplatte entdeckte man angeblich einen ähnlich großen Stein, der mit Stangen und Pfählen fixiert gewesen sei. Bei diesem Stein sollen ganze Skelette gefunden worden sein. 1804 erfolgte eine weitere Grabung, bei der man einen Stein fand und umkippte.

Eine heute noch vorhandene 3 Meter hohe Platte mit Seelenloch stammt von einem Großsteingrab in Fregiecourt (Kanton Jura). Diese Grablege wird Pierre-des-Oeuches (Stein bei den fruchtbaren Feldern) oder Pierre des Chenevière (Stein beim Hanfanbau) genannt. Eine andere Platte mit Seelenloch von La Baroche-Fregiecourt ist verschollen.

Fünf Steinplatten wurden 1940 erstmals von einem Bataillon der Schweizer Armee nördlich des Dorfes Fresens im Kanton

*Seelenlochstein Pierre-Percée (Lochstein) von Courgenay
im Kanton Jura.
Foto: Tschumi / CC BY-SA 2.0 (via Wikimedia Commons),
lizensiert unter Creative-Commons-Lizenz by-sa-2.0-en,
https://creativecommons.org/licenses/by-sa/2-0/legalcode*

Neuenburg als Teile eines Großsteingrabes identifiziert. Eine Hälfte einer Steinplatte aus Jurakalk, deren sichtbarer Teil über dem Erdboden 1,35 mal 1,28 Meter groß ist, weist ein 40 mal 26 Zentimeter großes Seelenloch auf, das sich einst in der Mitte befand.

Die im Großsteingrab von Aesch bestatteten Männer erreichten – nach den kleinen Kniescheiben zu schließen – eine Körpergröße bis zu 1,60 Meter, die Frauen bis zu 1,50 Meter. Diese Menschen starben häufig in jungen Jahren. In Aesch und Laufen fand man nur ganz wenige Personen, die älter als 40 Jahre geworden waren. In Aesch hatte man 24 Erwachsene und 8 Kinder bestattet. Demnach lag die Kindersterblichkeit bei 25 Prozent. In Laufen war es ähnlich: Dort hatte man insgesamt 25 Tote zur letzten Ruhe gebettet, nämlich 19 Erwachsene und 6 Kinder.

Anthropologische Untersuchungen der Skelettreste aus Aesch und Laufen ergaben, dass die damalige Bevölkerung nur selten unter Karies litt. In Aesch stellte man bei 3,6 Prozent der Zähne Karies fest, in Laufen bei nur einem Prozent. Am häufigsten wurden die Backenzähne von Karies betroffen.

Ein Schädelstück mit eckiger Kante aus dem Großsteingrab von Aesch wird als ein Beweis dafür angesehen, dass damals auch in der Schweiz komplizierte Schädeloperationen (Trepanation) ausgeführt wurden, wie sie relativ häufig aus Deutschland bekannt sind. Bei dem bescheidenen Fund stellte man einen Rand mit Heilungsspuren fest. Diese dokumen-tieren, dass der operierte Mensch den Eingriff einige Zeit überlebt hat.

Nach dem Tod dieses Patienten dürften Reste von seiner Schädeldecke in mehrere Stücke geteilt und daraus Amulette angefertigt worden sein, von denen sich die Träger vielleicht Heilkraft versprachen.

*Seelenlochstein Trou desmes (Loch der Seelen)
des Dolmen von Fresens im Kanton Neuenburg.
Foto: Marc Juillard (via Wikimedia Commons),
Lizenz: gemeinfrei (Public domain)*

Der holländische Theologe und Arzt Johan Picardt (1600–1670)
hielt 1660 die Großsteingräber
für das Werk von Riesen.
Einige Menschen stehen wie Zwerge als Zuschauer daneben.

*Dieser „Pfahlbauten-Bewohner" begrüßt die Touristen
am Schiffsanleger in Unteruhldingen am Bodensee.
Foto: Gerhard Giebener / CC BY 2.0
(via Wikimedia Commons),
lizensiert unter Creative-Commons-Lizenz by-2.0,
https://creativecommons.org/licenses/by/2.0/legalcode*

Die Horgener Kultur in Deutschland

In der Zeit von etwa 3.500 bis 2.800 v. Chr. existierte auch am Bodensee und am Federsee sowie in anderen Gebieten Baden-Württembergs die Horgener Kultur, die vor allem in der Schweiz verbreitet war. Den Begriff Horgener Kultur hat 1934 – wie bereits erwähnt – der Züricher Prähistoriker Emil Vogt von der Ufersiedlung Horgen-Scheller am Zürichsee abgeleitet. Dabei berief er sich auf die für diese Kultur typischen Funde aus der Ufersiedlung Horgen-Scheller.

Nach Knochenfunden aus Sipplingen zu schließen, lebten zu dieser Zeit am Bodensee in den mit Eichen durchsetzten Buchen-, Birken- und Tannenwäldern unter anderem Braunbären, Wisente, Auerochsen, Elche, Rothirsche, Rehe, Wildpferde, Wildschweine, Wildkatzen und Füchse. Im Bodensee selbst schwammen Hechte, Biber und Fischotter. Auch Kormorane sind nachgewiesen worden.

Im deutschen Bodenseegebiet kamen einige Skelettreste von Horgener Leuten zum Vorschein. Aus der bereits 1856 entdeckten Seeufersiedlung Wangen-Hinterhorn (Kreis Konstanz) liegt ein menschlicher Oberarmknochen vor. 2007 begutachtete der Freiburger Anthropologe Joachim Wahl fünf Schädelfragmente und einen oberen rechten Backenzahn eines jungen Menschen aus der 1986 entdeckten Seeufersiedlung Bodman-Weiler II (Kreis Konstanz). Die untersuchten Skelettreste stammen von mindestens zwei Menschen. Ein Schädelfragment (Inventarnummer Bo 88 Q 701-1) deutet auf das Tragen von Lasten hin. Am Backenzahn mit nur schwach beschliffener Krone haftete extrem viel Zahnstein.

*Feuersteindolch aus der Pfahlbausiedlung Allensbach-Strandbad
(Kreis Konstanz) am Bodensee.
Original im Archäologischen Landesmuseum Konstanz.
Foto: Opodeldok / CC BY-SA 2.5 (via Wikimedia Commons),
lizensiert unter Creative-Commons-Lizenz by-sa-2.5-en,
https://creativecommons.org/licenses/by-sa/2.5/legalcode*

Von Allensbach-Strandbad (Kreis Konstanz) kennt man menschliche Skelettreste, die bei Grabungen von 1984 bis 1988 sowie 2003 geborgen wurden und über die der Anthropologe Wahl 2015 berichtete. Bei diesen Funden handelt es sich um elf Bruchstücke, die zu sechs Skelettteilen gehören und von mindestens zwei oder drei Menschen stammen. Drei Knochen weisen vielleicht Verbissspuren auf. Fast alle Teilstücke tragen Anzeichen von Umlagerungen. Demnach haben sie sich erst länger an einem anderen Ort befunden, bevor sie in die Fundlage gelangten.

Die Horgener Leute haben ihre Dörfer vorzugsweise an Seeufern, teilweise aber auch fernab von Seen und sogar in Höhenlagen errichtet. Am Ufer des Bodensees lagen unter anderem die Horgener Siedlungen Sipplingen, Wangen, Bodman, Wallhausen, Hornstaad-Hörnle V und Allensbach. An den meisten dieser Fundorte hatten zuvor schon Menschen anderer jungsteinzeitlicher Kulturen ein Dorf gebaut und bewohnt. In Straßendörfern am Bodensee und Federsee standen die Häuser beiderseits einer Dorfstraße.

Im seit langem bekannten Siedlungsareal von Allensbach sind herausragende Funde der mittleren und späten Horgener Kultur geborgen worden.[1] Dort entdeckte man Textilien, Schmuckstücke, Keramik, Werkzeuge aus Holz, Knochen, Geweih und Stein, einen Silex-Prachtdolch aus Norditalien, Tierknochen und menschliche Skelettreste. Allensbach gehört zu den am längsten bekannten Pfahlbau-Fundstellen am Bodensee. Das Landesdenkmalamt Baden-Württemberg führte dort von 1983 bis 1988 sowie von 2002 bis 2004 Grabungen durch. Seit 2011 zählt das Siedlungsareal Allensbach-Strandbad zum UNESCO-Welterbe „Prähistorische Pfahlbauten um die Alpen".

Zu den immer wieder gerne aufgesuchten Standorten zählt die Fundstelle Hornstaad-Hörnle auf der Bodenseehalbinsel

*Deutscher Prähistoriker Hans Reinerth (1900–1990).
Wegen seiner Rolle vor und in der Zeit des Nationalsozialismus
ist er umstritten
Aufnahme von 1922*

Höri, wo sich bereits Angehörige der Hornstaader Gruppe (etwa 4.100 bis 3.900 v. Chr.) und der Pfyner Kultur (etwa 3.900 bis 3.500 v. Chr.) niedergelassen hatten. Am Fundort Hornstaad-Hörnle V erstreckte sich einst ein Dorf der Horgener Kultur. Es umfasste mehrere Häuser, die hinter einer Palisade parallel zum Bodenseeufer ausgerichtet waren. Nach dem Alter einiger Pfahlproben zu urteilen, hat diese Siedlung etwa um 3200 v. Chr. bestanden.

Am ehemaligen Ufer des Federsees erstreckte sich die Horgener Siedlung Dullenried[2] (Kreis Biberach), etwa 700 Meter westlich von Buchau entfernt. Sie umfasste mindestens elf kleine Häuser mit rechteckigem Grundriss. Der Ausgräber Hans Reinerth (1900–1990) hatte 1929 die unklaren, vom Seewasser abgespülten Überreste irrtümlich als Spuren von acht einfachen ovalen Reisighütten gedeutet und für den Beginn der Hausentwicklung am Federsee gehalten. Dieses Bild wurde jedoch durch spätere Untersuchungen korrigiert. Heute gilt Dullenried als die jüngste der in den 1920er Jahren am Federsee aufgedeckten jungsteinzeitlichen Siedlungen. In Dullenried hat 1920 sowie 1928/29 der damals in Tübingen wirkende Prähistoriker Hans Reinerth gegraben.

Siedlungsspuren der Horgener Kultur bei Fridingen an der Donau (Kreis Tuttlingen) lieferten einen Anhaltspunkt dafür, dass die Horgener Leute auch in Höhenlagen wohnten. Dies verrät ein gewisses Schutzbedürfnis.

Vermutlich spielte – wie in den meisten jungsteinzeitlichen Kulturen – auch in der Horgener Kultur die Jagd keine wichtige Rolle. Die Horgener Leute betrieben Ackerbau und Viehzucht, sie säten und ernteten Getreide und hielten – wie Funde aus Sipplingen zeigen – Rinder, Schafe, Ziegen, Schweine und Hunde. In einer Pfahlbausiedlung der Horgener Kultur von Bad Buchau am Federsee wurde 2007 das Skelett eines Hundewelpen entdeckt.

Prähistoriker Gerhard Bersu (1889–1964).
Foto: Römisch-Germanische Kommission
des Deutschen Archäologischen Institutes, Frankfurt/Main

Am Fundort Allensbach-Strandbad las man viele Kerne von Kornelkirschen auf. Solche Kerne gehören oft zum Fundgut norditalienischer Pfahlbausiedlungen. Die Kerne in Allensbach-Strandbad könnten Reste von Trockenfrüchten gewen sein, die man als Reiseproviant mit über die Alpen brachte.
Unsicher ist, ob ein 1992 in der Moorsiedlung Seekirch-Stockwiesen (Kreis Biberach) im Federseemoor geborgenes Radfragment aus Ahorn-Holz zur Horgener Kultur oder zur Goldberg III-Gruppe gehört. Der Fund kam in nur 30 Zentimeter Tiefe im Unterbau eines Hauses zum Vorschein. Zwischen etwa 3.500 und 2.800 v. Chr. existierten im Nördlinger Ries (Bayern) und in Oberschwaben (Baden-Württemberg) Siedlungen mit Hinterlassenschaften, wie sie vor allem in dem dritten auf dem Goldberg bei Riesbürg (Ostalbkreis) entdeckten Dorf zum Vorschein kamen. Den seltsam klingenden Namen Goldberg III hat 1937 der Frankfurter Prähistoriker Gerhard Bersu (1889–1964) geprägt. Bersu hatte auf dem Goldberg von 1911 bis 1929 – mit Unterbrechungen im Ersten Weltkrieg und in den Nachkriegsjahren – Ausgrabungen vorgenommen.
Das 33 Zentimeter lange Modell eines Einbaumes aus Sipplingen liefert einen Hinweis dafür, dass man offenbar Einbäume als Wasserfahrzeuge kannte und benutzte. Es ist aus Eschenholz geschnitzt und diente wohl als Spielzeug.
Die Horgener Leute trugen Jacken und Röcke aus Leinengewebe, worauf ein Fund aus der Schweiz deutet. In der Siedlung Allensbach (Kreis Konstanz) wurden 1986 Reste eines sandalenartigen Schuhes aus flachen Baststreifen entdeckt. Er ist 24,9 mal 12,5 Zentimeter groß, was der heutigen Schuhgröße 36 entspricht. Am selben Fundort hatte man schon 1984 einen ähnlichen Geflechtrest geborgen, den man jedoch zunächst nicht recht zu interpretieren wusste. Ein Vergleich mit dem

Modell eines Einbaumes aus Eschenholz
von Sipplingen (Bodenseekreis) in Baden-Württemberg.
Länge 33 Zentimtzer.
Original und Foto im Landesdenkmalamt Baden-Württemberg,
Pfahlbauarchäologie Bodensee-Obverschwaben,
Gaienhofen-Hemmenhofen

späteren Fund lässt keinen Zweifel daran, dass es sich auch hier bei um ein Schuhfragment handelt. Schuhreste wurden auch anderswo in Europa geborgen.[3] Aus der Siedlung Sipplingen-Osthafen (Bodenseekreis) kennt man einige Schmuckstücke der Horgener Kultur. Dort barg man durchbohrte Tierzähne, Perlen, eine sehr seltene Flügelperle sowie Anhänger aus Stein oder Hirschgeweih. Zum Fundgut von Allensbach-Strandbad gehören Röhrenperlen aus Gehäusen des Meerestieres *Dentalium* vom Mittelmeer, Scheibenperlen aus Kalkstein und ein durchbohrter Hundezahn-Anhänger. Dass die Horgener Leute auch auf eine ordentliche Frisur achteten, belegt ein verzierter Holzkamm aus Sipplingen-Osthafen. Dieser Kamm ist etwa 9 Zentimeter lang.

Kunstwerke der Horgener Kultur konnte man – wie erwähnt – an deutschen Fundorten noch nicht nachweisen. Dagegen sind aus der Schweiz bescheidene Kunstwerke bekannt. So ist auf der Tonscherbe eines großen Vorratsgefäßes aus der Seeufersiedlung Meilen-Feldmeilen-Vorderfeld eine mit eingestochenen Punkten dargestellte menschliche Figur zu sehen. Sie gilt als die älteste, auf einem Tongefäß abgebildete Menschenfigur in der Schweiz. Eine Scherbe aus Eschenz-Seeäcker im Kanton Thurgau trägt ein in Punktmanier porträtiertes menschliches Gesicht. Andere Keramikreste enthalten Ritzverzierungen, die vielleicht symbolischen Charakter haben. Hierzu zählt ein Keramikfragment vom Lutzengüetle, der westlichen Kuppe auf dem Eschnerberg bei Eschenz in Liechtenstein, mit einem strahlenartigen Motiv, das vielleicht die Sonne darstellt.

Tongefäße der Horgener Kultur wirken vielfach auffällig grob und dickwandig. Häufig sind Ränder durchlocht. Speisereste verraten, dass dickwandige Gefäße auch als Behältnisse für das

*Verzierter Holzkamm
der Horgener Kultur
aus Sipplingen-Osthafen am Bodensee (Bodenseekreis)
in Baden-Württemberg.
Länge etwa 9 Zentimeter.
Original und Foto im Landesdenkmalamt Baden-Württemberg,
Pfahlbauarchäologie Bodensee-Oberschwaben,*

Erwärmen oder Erhitzen von Speisen dienten. Da sich die groben und dickwandigen Tongefäße von vorhergehenden Kulturen unterscheiden, vermutete man zeitweise, die Horgener Leute seien Einwanderer gewesen. Doch Funde in Sipplingen am Bodensee deuten auf einen fließenden Kulturwandel hin, was auf eine bodenständige Entstehung der Horgener Kultur hindeutet.

Auf den am Bodensee geborgenen Horgener Tongefäßen sind oft flüchtig eingeritzte symbolische Zeichen zu erkennen, die an Tannenzweige und an sonnenartige Halbkreise erinnern. Neben Geschirr aus Ton hat man große tonnenartige Gefäße aus sorgfältig präparierten Abschnitten von hohlen Baumstämmen hergestellt, bei denen der Boden aus Rinde oder Leder angefügt wurde. Rohmaterial für solche Holzgefäße wurde am bereits erwähnten Fundort Wangen geborgen.

Zu den Werkzeugen der Horgener Kultur zählten unter anderem Feuersteinmesser, die man mit Griffen versah, und Dechsel zur Holzbearbeitung. Dies bewerkstelligte man dadurch, dass man Birkenpech auf die Feuersteinmesser auftrug, in das man Birkenrinde oder ein Textilstück eindrückte. Derart „griffiger" gemachte Feuersteinmesser kamen in Sipplingen-Osthafen zum Vorschein. Vom selben Ort stammt auch ein mit einem Kreisbogenmuster verzierter Holzkamm, de wohl als Steckkamm für die Haare diente.

Die Horgener Leute verfügten über steinerne Dolche sowie über Pfeil und Bogen als Waffen. Ein Prachtfund aus der Siedlung von Allensbach-Strandbad ist ein Dolch mit einer Klinge aus oberitalienischem Feuerstein. Die Klinge wurde mit Birkenteer im Griff aus Holunderholz befestigt. Bei diesem Dolch handelt es sich um ein Importstück aus der oberitalienischen Remedello-Kultur (etwa 3.400 bis 2.600 v. Chr.). Außer dem Dolch des Gletschermannes „Ötzi" aus Südtirol

*Tongefäß der Horgener Kultur
mit eingeritzten sonnenartigen Symbolen
von Wangen-Hinterhorn (Kreis Konstanz) in Baden-Württemberg.
Höhe 13,5 Zentimeter.
Original und Foto im Landesdenkmalamt Baden-Württemberg,
Pfahlbauarchäologie Bodensee-Oberschwaben,
Gaienhofen-Hemmenhofen*

*Rekonstruktion des Gletschermannes „Ötzi"
im „Südiroler Archäologiemuseum" in Bozen (Italien).
Foto: Thilo Parg / CC BY-SA 3.0 (via Wikimedia Commons),
lizensiert unter Creative-Commons-Lizenz by sa-3.0,
https://creativecommons.org/licenses/by-sa/3.0/legalcode*

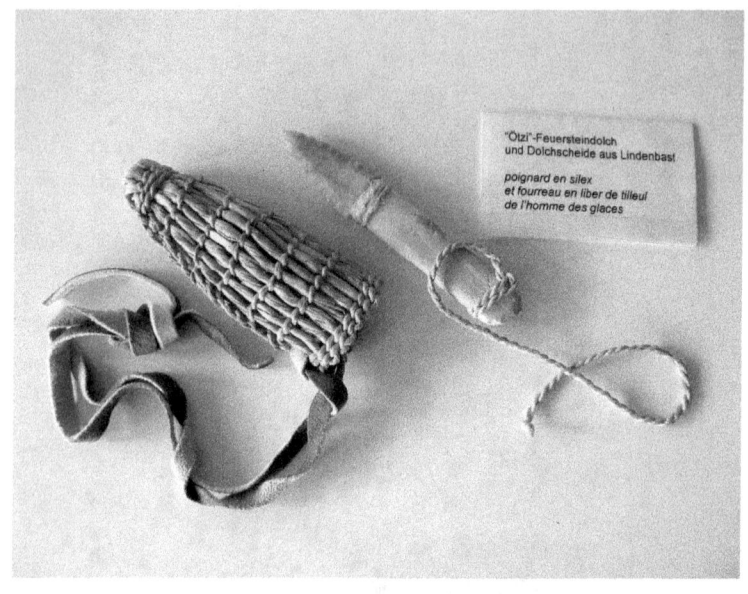

*Rekonstruktion des Dolches mit Scheide
des Gletschermannees „Ötzi".
Foto: Archaeoautor / CC BY-SA 4.0 (via Wikimedia Commons),
lizensiert unter Creative-Commons-Lizenz by-sa-4.0-de,
https://creativecommons.org/licenses/by-sa/4.0/legalcode*

ist dies der einzige Fund eines solchen Dolches aus Oberitalien mit erhaltener Schäftung. Die Gesamtlänge des Dolches mit Holzgriff aus Allensbach-Strandbad beträgt 16 Zentimeter. Neben dem Allensbacher Dolch gelten auch etliche Beilklingen aus dem halbedelsteinartigen Edelserpentin als Importwaren. In der Schweiz barg man auch Harpunen aus Hirschgeweih und als Seltenheit kupferne Dolchklingen.
Das auffällig seltene Vorkommen von Kupfer in der Horgener Kultur ist erstaunlich. Denn die vorhergehende Pfyner Kultur die weitgehend im gleichen Gebiet verbreitet war, hat selbst Kupfergeräte hergestellt und etliche Zeugnisse dieser Fertigkeit hinterlassen. Früher glaubte man, die Horgener Kultur gehöre vielleicht zu jenen Kulturen, die – aus nicht bekannten Gründen – dieses Metall ablehnten.
Offensichtlich bestatteten diese Menschen ihre Toten nicht in den Siedlungen. Jedenfalls hat man in keinen Horgener Dorf ein Grab entdeckt.

Prähistoriker Christian Strahm.
Foto: Professor Dr. Christian Strahm,
Albert-Ludwigs-Universität Freiburg,
Institut für Ur- und Frühgeschichte

Die Saône-Rhône-Kultur

In der Westschweiz, das heißt an den Juraseen und im Gebiet des Genfer Sees, war die auch in Frankreich (Savoyen, Burgund) verbreitete Saône-Rhône-Kultur von etwa 2.800 bis 2.400 v. Chr. heimisch. Hinterlassenschaften dieser Kultur wurden 1964 und 1965 bei Ausgrabungen in der Seeufersiedlung Auvernier-La Saunerie[1] am Neuenburger See unter Leitung des in Freiburg im Breisgau tätigen Prähistorikers Christian Strahm bekannt. Er schlug dafür 1969 den Begriff Auvernier-Kultur vor.
Seit 1974 ordnet man die bis dahin der Auvernier-Kultur zugeschriebenen Fundstellen der überregionalen Saône-Rhône-Kultur zu. Dieser Name wurde auf einem Symposion, das 1974 im Anschluss an die Auswertung der Ausgrabungen von Auvernier-La Saunerie von Christian Strahrn organisiert worden war, durch eine Gruppe von Archäologen beschlossen.
Die Saône-Rhône-Kultur fiel in die erste und damit klimatisch günstige Hälfte des Subboreals. In der Westschweiz waren hauptsächlich Weißtannenwälder vorherrschend, während an den Sonnenhängen des Wallis noch immer lichte Eichen-Kiefern-Wälder wuchsen. Bewohnt wurden diese Landschaften unter anderem von Braunbären, Füchsen, Mardern, Auerochsen, Rothirschen, Elchen, Rehen und Wildschweinen.
Von den Saône-Rhône-Leuten hat man bisher in der Schweiz keine aussagekräftigen Skelettreste bergen können, die Aufschlüsse über ihre durchschnittliche Körpergröße, anatomischen Merkmale und Krankheiten ermöglichen. Die Saône-Rhône-Leute errichteten ihre Siedlungen wie die Menschen der Horgener Kultur gern an den Ufern von Seen.Seeufersiedlungen von ihnen kennt man vom Neuenburger See (Au-

*Paul Vouga (1880–1940) bei der Sondiergrabung
in der Seeufersiedlung Auvernier-La Saunerie (Kanton Neuenburg).
Foto von Samuel Perret vom 20. September 1919*

vernier-La Saunerie, Portalban, Yverdon-Avenue des Sports[2]), Bieler See und Murtensee.
Bei den Ausgrabungen in Auvernier-La Saunerie und Yverdon-Avenue des Sports konnten Häuser in Pfahlbauweise nachgewiesen werden, deren Fußböden nach Ansicht der Ausgräber vom Strand abgehoben waren. Durch diese Vorsichtsmaßnahrne wappnete man sich vor gelegentlichen Überschwemmungen. Sowohl in Auvernier-La Saunerie als auch in Yverdon-Avenue des Sports fand man Bauholz, dessen Alter dendrochronologisch ermittelt werden konnte. Demnach haben diese beiden Siedlungen von etwa 2.750 bis 2.450 v. Chr. bestanden.
Unter den Jagdbeuteresten von Auvernier-La Saunerie war der Elch sehr stark vertreten. Elche wurden eventuell nicht in nächster Umgebung der Siedlung, sondern im Gebiet des heutigen „Großen Moores" erlegt. Möglicherweise hat man die erlegten Elche mit einem Floß zur Siedlung transportiert. Gut erhaltene Skelette vom Fuchs und Marder deuten darauf hin, dass bestimmte Tierarten nur ihres begehrten Felles wegen getötet worden sind.
Für den Lebensunterhalt der Saône-Rhône-Leute dürften Ackerbau und Viehzucht jedoch wichtiger gewesen sein als die Jagd. Sie bauten verschiedene Getreidearten an und hielten auch Haustiere.
Der Archäozoologe Hans R. Stampfli (1925–1994) aus Bellach konnte in Auvernier-La Saunerie beispielsweise Knochenreste vom Schwein, Rind, Schaf, der Ziege, Hund und Pferd identifizieren. Nach der Fundhäufigkeit besaß die Schweinehaltung eine große Bedeutung. Beim Hund ist ungewiß, ob er als Wächter, Luxustier, Kulttier oder Jagdgefährte diente. Die Pferde wurden vielleicht frei gehalten und bei Bedarf geschlachtet.

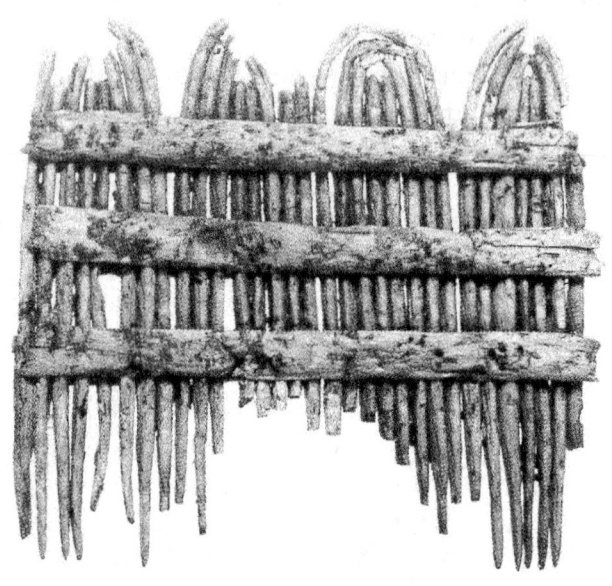

*Holzkamm aus Yverdon im Kanton Waadt.
Länge etwa 7 Zentimeter, Breite 6,1 Zentimeter.
Original und Foto
im Museum für Kunst und Geschichte, Freiburg*

Das Überwintern der Haustiere war für die damaligen Viehzüchter vermutlich problematisch, da sie wahrscheinlich nur in geringem Maße entsprechende Vorräte anlegten. Der Futtermangel zwang sie vielleicht, schon im Spätsommer oder Herbst einen Teil der Haustiere zu schlachten. Gefunden wurden auch Schlachtabfälle von Haustieren im jugendlichen Alter von einem halben Jahr bis anderthalb Jahren.

Von Tauschgeschäften und Fernverbindungen zeugen unter anderem Dolche aus Grand-Pressigny-Feuerstein aus Frankreich von der Fundstelle Sitten-Petit-Chasseur im Kanton Wallis. Petit Chasseur heißt zu deutsch „Kleiner Jäger". Auch andernorts haben die Menschen der Saône-Rhône-Kultur im Wallis und in der Westschweiz Dolche und Klingen aus Frankreich bezogen.

Schwere und sperrige Güter wurden auf zwei- oder vierrädrigen Karren transportiert, vor die man wohl Rinder spannte. Diese Fahrzeuge hatten aus mehreren Teilen zusammengesetzte Scheibenräder mit jeweils viereckigem, buchsenlosem Achsloch, wie ein Fund aus Saint-Blaise im Kanton Neuenburg zeigt. Die Räder steckten fest auf der rotierenden Achse.

Auf steinernen Stelen aus dieser Zeit sind gemusterte Kleidung und Gürtel erkennbar. Als Schmuckstücke dienten zuweilen Eberzahnlamellen, die man als Anhänger trug. Ein solches 6 Zentimeter langes, 1,3 Zentimeter breites, 2 Millimeter dickes, leicht gebogenes und an beiden Enden durchbohrtes Schmuckstück wurde in Sitten-Petit-Chasseur geborgen. Aus Delley/Port-Alban (Kanton Freiburg) kennt man kleine Flügelperlen sowie Röhren- und Scheibenperlen aus Stein. Und in Port-Alban hat man eine kleine Kugelperle aus fossilem Holz (Gagat) geborgen.

Ein besonderer Fund aus Yverdon im Kanton Waadt ist ein kleiner Holzkamm. Der etwa 7 Zentimeter lange und 6,1

*Menschengestaltige steinerne Stele aus der Zeit der Saône-Rhône-Kultur
von Sitten-Petit-Chasseur im Kanton Wallis.
Höhe etwa 2,50 Meter, maximale Breite 1,12 Meter.
Der Kopf wurde später abgeschlagen.
Auf der Stele sind die Arme, Schmuck, ein Gürtel und ein Dolch
vom Typ Remedello zu erkennen.
Original und Foto im Musée cantonal d´archéologie, Sitten*

Zentimeter breite Kamm wird im Museum für Kunst und Urgeschichte, Freiburg, aufbewahrt. Die imposantesten in der Tradition der Saône-Rhône-Kultur ausgeführten Kunstwerke hat man in Sitten-Petit-Chasseur entdeckt. Dabei handelt es sich um insgesamt drei menschengestaltige steinerne Stelen, die Gottheiten oder Verstorbene darstellen sollten.

Eine dieser Stelen war 2,50 Meter hoch, unten 1,12 Meter breit und mindestens 8 Zentimeter dick. Der Kopf ist in späterer Zeit abgeschlagen worden. Die beiden dünnen Arme mit jeweils fünf Fingern an jeder Hand sind über dem Bauch abgewinkelt. Unler der Brust hängt an einem V-förmigen Band eine Doppelspirale, die ein wenig an ein Sonnensyrnbol erinnert. Darunter befinden sich ein unverzierter Gürtel sowie ein dreieckiger Dolch mit Mittelrippe und halbmondförmigem Knauf vom Typ Remedello.

Remedello-Dolche sind für die norditalische Remedello-Kultur[3] (etwa 3.400 bis 2.600 v. Chr.) typisch, die nach dem Gräberfeld von Remedello, 37 Kilometer südöstlich von Brescia, benannt ist. Es sind Kupferdolche mit ziemlich breiter Klinge, die man um eine flache, manchmal durchlochte Griffzunge erweitert hat. Derartige Waffen wurden außer in Sitten-Petit-Chasseur auch auf Felsbildern im Val Camonica sowie auf Stelen in Ligurien (beide in Italien) dargestellt.

Die auf den Stelen von Sitten-Petit-Chasseur erkennbaren Dolche haben große Ähnlichkeit mit den dreieckigen Kupferdolchen des Gräberfeldes von Spilamberto in Norditalien. Diese Dolche sind mit bogenförmigen Griffknäufen versehen.

Eine andere Stele von Sitten-Petit-Chasseur trägt statt eines Gesichtes eine strahlende Sonne. Darunter folgt eine ungewöhnlich reiche Verzierung, die wohl die gemusterle Kleidung

*Keramik der Saône-Rhône-Kultur
von Auvernier im Kanton Neuenburg.
Original und Foto im Musée cantonal d'archéologie Neuenburg*

andeutet. Eine weitere Stele lässt außer zwei Händen einen Gürtel sowie insgesamt vier Remedello-Dolche erkennen. Die Keramik der Saône-Rhône-Kultur war arm an Formen und selten verziert. Als typische Tongefäße dieser Kultur gelten tonnenförmige Behältnisse mit flachem Boden und breiten Griffknubben. Sie wurden mit Fingerknubben, Einstichen und unregelmäßigen Zickzacklinien verziert. Die Saône-Rhône-Leute verfügten über Werkzeuge aus Feuerstein, Felsgestein, Knochen und Geweih. Aus Feuerstein schlugen sie Messer zurecht. Felsgestein diente als Rohmaterial für walzenförmige Steinbeile, die man zurechtschliff. Aus Knochen wurden Meißel und Pfrieme geschnitzt. Außerdem schuf man Hacken aus Hirschgeweih.

Bewaffnet waren die Bauern der Saône-Rhône-Kultur mit Pfeil und Bogen sowie Dolchklingen aus Feuerstein. Die Verwendung von Pfeil und Bogen wird durch Pfeilspitzen aus Feuerstein bezeugt. Remedello-Dolche sind bisher nicht gefunden worden, aber dafür Kupferdolche in anderer Form.

Das Bestattungswesen der Saône-Rhône-Kultur wurde offenbar von der Megalithreligion beeinflusst, für die der Bau von Großsteingräbern kennzeichnend war. Gräber aus dieser Zeit sind der um 2.700 v. Chr. errichtete Dolmen MVI und der Dolmen MXII von Sitten-Petit-Chasseur. Das zuerst genannte Großsteingrab steht an der Stirnseite einer etwa 15 Meter langen dreieckigen, langgezogenen Rampe, die mit Steinen und Erdreich aufgeschüttet worden ist. Die Seitenwände und die Decke der Grabkammer wurden aus großen Steinplatten gebildet. Seitlich des Dolmen MVI stellte man zwei Stelen auf, vor ihm die erwähnte besonders große Stele von etwa 2,50 Meter Höhe.

Im Dolmen MVI wurden im Laufe der Zeit insgesamt fast 20 Verstorbene unverbrannt zur letzten Ruhe gebettet. Man versah sie mit Werkzeugen, Waffen und Schmuck, damit es ihnen auch im Jenseits an nichts mangele.

Die Fundstelle Sitten-Petit-Chasseur mit Hinterlassenschaften aus verschiedenen Kulturstufen von der Jungsteinzeit bis zur Römerzeit wurde 1961 entdeckt, als Arbeiter beim Bau einer Wasserleitung in der Avenue du Petit-Chasseur von Sitten auf zwei Grabkisten (MI und MII) stießen. Die darauffolgenden Ausgrabungen von 1961 und 1969 wurden durch den Prähistoriker Olivier-Jean Bocksberger (1925–1970) aus Genf vorgenommen. Nach seinem Tod gruben 1968/69 der Anthropologe und Prähistoriker Marc-Rodolphe Sauter (1914–1983) aus Genf sowie dessen Mitarbeiter Alain Gallay weiter und anschließend bis 1973 Gallay allein.

Anmerkungen

Die Horgener Kultur in der Schweiz
1] Die Doppelbestattung aus dem Steinkistengrab von Opfikon ist nicht genau zu datieren, weil keine Keramikreste vorliegen.
2] Auf dem Petrushügel bei Cazis hat der Forstingenieur und Heimatforscher Walo Burkart (1887–1952) aus Chur 1937 die ersten Funde entdeckt. Er untersuchte diesen Platz von 1939 bis 1951. Burkart gilt als einer der Pioniere in der Urgeschichtsforschung von Graubünden. Er hat zahlreiche prähistorische Siedlungen und Gräber aus unterschiedlicher Zeit aufgespürt.
3] Die ersten Funde von der Höhensiedlung Ramelen wurden 1925 durch den Heimatforscher Theodor Schweizer (1893–1956) aus Olten geborgen.
4] Bei Baggerungen in den Jahren 1882/83 wurden in Zürich-Großer Hafner große Mengen von prähistorischen Funden geborgen.
5] In Zürich-Wollishofen kamen bei Baggerungen im 19. Jahrhundert große Mengen prähistorischer Überreste zum Vorschein.
6] Die Seeufersiedlung Zürich-Rentenanstalt wird auch Zürich-Breitinger Straße genannt.
7] Die Seeufersiedlung Zürich-Bauschanze wurde bei einer Baggerung zu Anfang des 20. Jahrhunderts entdeckt. Im Winter 1967/68 bargen Taucher einige Keramikreste der Horgener Kultur.
8] Die Fundstelle Zürich-Kleiner Hafner wurde 1966/67 bei einer Unterwassergrabung untersucht.
9] Die Seeufersiedlung Zürich-Utoquai wurde 1928 entdeckt.
10] Die dicht bei der Seeufersiedlung Zürich-Utoquai liegende Fundstelle Zürich-Seewarte gehört womöglich zu ersterer.

11] Die Seeufersiedlung Erlenbach-Wyden wurde 1866 bei Baggerungen aufgespürt.
12] Meilen-Obermeilen ist die als erste entdeckte Seeufersiedlung der Schweiz. Sie wurde 1851 aufgespürt und damals durch den Zürcher Prähistoriker Ferdinand Keller (1800–1881) untersucht. 1908/09 nahm das Landesmuseum Grabungen vor.
13] Die Fundstelle Zug-Schützenhaus wird auch Zug-Schützenmatt genannt.
14] Die Seeufersiedlung Zug-Schutzengel wurde 1930 entdeckt.
15] Die Seeufersiedlung Cham-Bachgraben wurde 1887 durch den Zürcher Heimatforscher Jakob Heierli (1853–1912) entdeckt.
16] Die Seeufersiedlung Hünenberg-Chämleten (auch Hünenberg-Kemmatten genannt) ist seit 1921 durch Lesefunde bekannt.
17] Die Seeufersiedlung Risch-Schwarzbach-Nord wurde 1931 entdeckt.
18] Die Seeufersiedlung Risch III-West wurde Ende der neunziger Jahre des 19. Jahrhunderts entdeckt. Vielleicht ist Risch III-Ost identisch mit ihr.
19] Die Seeufersiedlung Seematte wurde 1958 durch den Bezirkslehrer und Heimatforscher Reinhold Bosch (1887–1973) aus Seengen entdeckt und erforscht.

Großsteingräber in der Schweiz
1] Großsteingräber mit Lochplatte bzw. mit „Seelenloch" kennt man in Frankreich aus Aroz, Traves, Fouvent-Le-Haut, Chariez und Palaincourt.
2] Das Großsteingrab von Auvernier wurde bereits 1876 ausgegraben.

Die Horgener Kultur in Deutschland
1] In Dullenried hat 1920 sowie 1928/29 der damals in Tübingen wirkende Prähistoriker Hans Reinerth (1900–1990) gegraben.
2] Das Siedlungsareal Allershausen wurde 1863 vom Zollinspektor Karl Dehoff entdeckt.
3] Schuhreste aus der Jungsteinzeit kennt man aus Spanien (bei Albunol), Portugal (Alapraia) und Holland (bei Buinerveen). Bereits im 19. Jahrhundert wurden in der Cueva de los Murciélagos (deutsch: Fledermaushöhle) bei Albunol in jungsteinzeitlichen Gräbern Sandalen entdeckt, die aus rundumgelegten Zöpfen aus Espartogras zusammengenäht worden sind. In einem Felskammergrab von Alapraia aus der späten Jungsteinzeit barg man ein Paar Schuhe aus Kalkstein, die wohl als Grabbeigabe gedacht waren. Und in einem Moor bei Buinerveen kam ein Lederschuh zum Vorschein, der aufgrund pollenanalylischer Untersuchungen der Jungsteinzeit zugerechnet wird.

Die Saône-Rhône-Kultur
1] Die Fundstelle Auvernier-La Saunerie war schon seit fast 50 Jahren bekannt, als 1964/65 Grabungen durchgeführt wurden. Zu diesen hatte man sich entschlossen, als sich zeigte, dass durch die Nationalstraße N 5 ein Teil dieser Seeufersiedlung überdeckt wurde. Die erste methodische Untersuchung der Fundstelle erfolgte 1919 durch die Neuenburger Kommission für urgeschichtliche Archäologie unter der Leitung von Paul Vouga (1880–1940) mit Hilfe von Sondiergrabungen, die man zwischen 1920 und 1930 fortführte.
2] Die Seeufersiedlung Yverdon-Avenue des Sports wurde 1962 bei Bauarbeiten durch den Arzt Jean-Louis Wyss aus Yverdon entdeckt.

3] Der Begriff Remedello-Kultur wurde 1959 von der italienischen Prähistorikerin Pia Laviosa-Zambotti (1896–1966) aus Mailand eingeführt.

Literatur

Die Horgener Kultur in der Schweiz
ALTDORFER, Kurt: Pfahlbauer. In: Historisches Lexikon der Schweiz.
https://hls-dhs-dss.ch/de/articles/007856/2010-09-27/
FILIP, Jan: Horgen. In: Enzyklopädisches Handbuch zur Ur- und Frühgeschichte Europas, Band I (A-K), S. 502–503, Stuttgart, Berlin, Köln, Mainz 1966.
FILIP, Jan: Vogt, Emil. In: Enzyklopädisches Handbuch zur Ur- und Frühgeschichte Europas, Band II (L-Z), S. 1509, Stuttgart, Berlin, Köln, Mainz 1969.
ILLI. Martin: Horgen (Gemeinde). In: Historisches Lexikon der Schweiz.
https://hls-dhs-dss.ch/de/articles/000096/2021-01-12/
ITTEN, Marion: Die Horgener Kultur. In: Ur- und frühgeschichtliche Archäologie der Schweiz, S. 83–96, Basel 1969.
KELLER-TARNUZZER, Karl: Walo Burkart †. In: Ur-Schweiz, S. 65/66, Basel 1952.
LANZ, Hanspeter: Emil Vogt. In: Historisches Lexikon der Schweiz.
https://hls-dhs-dss.ch/de/articles/009594/2013-08-13/
LEUZINGER, Urs / DE CAPITANI, Annick: Arbon-Bleichr 3. Siedlungsgeschichte, einheimische Tradition und Fremdeinflüsse im Übergangsfeld zwischen Pfyner und Horgener Kultur. In: Jahrbuch der Schweizerischen Gesellschaft für Ur- und Frühgeschichte 81, 1998.
MÜLLER, André: Seltener Fund am Greifensee: Archäologen entdecken einen 5000 Jahre alten Schuh. Neue Zürcher Zeitung, 27. März 2018.
NAGY-BRAUN, Gisela: Horgen (Gemeinde). Ur- und Frühgeschichte. In: Historisches Lexikon der Schweiz.

https://hls-dhs-dss.ch/de/articles/000096/2019-12-12/
PREUSS, Joachim: Pfyner Kultur. In: HERRMANN, Joachim: Lexikon früher Kulturen, S. 147, Leipzig 1984.
PRIMAS, Margarita: Cazis-Petrushügel in Graubünden. Neolithikum, Bronzezeit, Spätmittelalter. In: Zürcher Studien zur Archäologie, Zürich 1985.
RUOFF, Ulrich: Die Ufersiedlungen am Zürichsee. In: Die ersten Bauern. Pfahlbaufunde Europas. Forschungsberichte zur Ausstellung im Schweizerischen Landesmuseum und zum Erlebnispark / Ausstellung Pfahlbauland in Zürich. 28. April bis 30. September 1990, Band 1: Schweiz, S. 145–159, Zürich 1990.
SAUTER, Marc-Rodolphe / BIEGERT, Josef: Otto Schlaginhaufen (1879–1973). In: Archives suisses d'Anthropologie Générale, S. 77–79, Genf 1974.
SCHEFFRAHN, Wolfgang: Anthropologischer Bericht zum neolithischen Skelett von Meilen (Feldmeilen-Vorderfeld) 1971. In: Archives Suisses d'Anthropologie Générale 38, S. 15–27, Genf 1974.
SCHWAB, Hanni: Schmuck und Volksglaube. In: Kantonaler Archäologischer Dienst, Freiburg 1982.
SCHWAB, Hanni: Portalban / Muntelier. Zwei reine Horgener Siedlungen der Westschweiz. In: Archäologisches Korrespondenzblatt. S. 15–32, Mainz 1982.
STÖCKLI, Werner E.: Horgener Kultur. In: Historisches Lexikon der Schweiz.
https://hls-dhs-dss.ch/de/articles/012606/2005-10-21/
VOGT, Emil: Das Steinzeitgrab von Opfikon (Kt. Zürich). In: Jahresbericht des Landesmuseums in Zürich, S. 43–54, Zürich 1932.
VOGT, Emil: Zum Schweizerischen Neolithikum. In: Germania, S. 89–44, Berlin 1934.

WIKIPEDIA (Online-Lexikon): Horgener Kultur
https://de.wikipedia.org/wiki/Horgener_Kultur
WINIGER, Josef: Feldmeilen-Vorderfeld: Der Übergang von der Pfyner zur Horgener Kultur. In: Antiqua 8, Veröffentlichung der Archäologie Schweiz, Frauenfeld 1981.

Großsteingräber in der Schweiz
BAY, Roland: Die menschlichen Skelettreste aus dem neolithischen Dolmengrab von Laufen im Kanton Bern. In: Festschrift Elisabeth Schmid zu ihrem 65. Geburtstag, S. 15–19, Basel 1977.
BLEICHER, Niels / HARB, Christian (Herausgeber): Zürich-Parkhaus Opéra. Eine neolithische Feuchtbodenstelle. Band 3: Naturwissenschaftliche Analysen und Synthese. In: Monographien der Kantonsarchäologie Zürich 50, Zürich und Egg 2017.
BÜCHI, Ulrich / BÜCHI, Greti: Die Bedeutung der Megalithforschung im Rahmen der Urgeschichte. In: Helvetia archeologica, S. 34–70, Zürich 1988.
CERDÁ, Francisco Jorda: Pedro Bosch Gimpera 1891–1975. In: Zephyrus, S. 513/514, Salamanca 1979 (mit falschem Todesjahr, korrekt ist 1974).
DRACK, Walter: Dr. h. c. Alban Gerster (1898–1986). In: Jahrbuch der Schweizerischen Gesellschaft für Ur- und Frühgeschichte, S. 272, Basel 1987.
GALLAY, Alain / GRELL, Ernst: Megalithen. In: Historisches Lexikon der Schweiz.
https://hls-dhs-dss.ch/de/articles/007408/2010-01-05/
GERSBACH, Egon: Zur Herkunft und Zeitstellung der einfachen einfachen Dolmen vom Typus Aesch-Schwörstadt. In: Jahrbuch der Schweizerischen Gesellschaft für Ur- und Frühgeschichte, S. 15–28, Basel 1966/67.

GERSBACH, Emil: Der Heidenstein bei Niederschwörstadt. In: Badische Fundberichte, S. 97/98, Freiburg im Breisgau 1926.
GERSTER-GIAMBONI, Alban: Das Dolmengrab von Laufen. In: Helvetia archaeologica, S. 2–8, Basel 1982.
KRAFT, Georg: Der Heidenstein bei Niederschwörstadt. In: Badische Fundberichte, S. 225–242, Freiburg im Breisgau 1927.
PERELLO, E. Ripoldi: Professor Josep de Serra-Ràfols 1902–1971. In: Ampurias, S. 425–431, Barcelona 1971/72.
SCHWEGLER, Urs: Chronologie und Regionalität neolithischer Kollektivgräber in Europa und in der Schweiz. In: Archäologische Prospektionen – Archäological Survey, Band Nr. 2, Hochwald (Schweiz) 2016.
WIKIPEDIA (Online-Lexikon): Dolmen vom Typ Schwörstadt
https://de.wikipedia.org/wiki/Dolmen_vom_Typ_Schw%C3%B6rstadt

Die Horgener Kultur in Deutschland
KOLB, Martin: Die Seeufersiedlung Sipplingen und die Entwicklung der Horgener Kultur am Bodensee. In: Helmut Schlichterle (Herausgeber): Pfahlbauten rund um die Alpen (Archäologie in Deutschland. Sonderheft), S. 22–28, Stuttgart 1997.
KRÄMER, Werner: Gerhard Bersu – ein deutscher Prähistoriker (1889–1964). In: Bericht der Römisch-Germanischen Kommission 82, S. 5–101, Mainz 2001.
PAPE, Wolfgang: Zur Zeitstellung der Horgener Kultur. In: Germania, S. 53–65, Frankfurt 1978.
REINERTH, Hans: Das Pfahldorf Sipplingen. Ergebnisse der Ausgrabungen des Bodenseegeschichtsvereins 1929/30. In: Schriften des Vereins für Geschichte des Bodensees und seiner

Umgebung, Führer zur Urgeschichte, 59. Jahrgang 1932, Band 10, S. 1–154, Friedrichshafen 1932.
REINERTH, Hans: Pfahlbauten am Bodensee, Überlingen 1977.
SCHLICHTHERLE, Helmut: Allensbach-Strandbad AsC1 – eine Ufersiedlung der späten Horgener Kultur am Bodensee-Untersee, Kreis Konstanz. Funde und Befunde aus den Sondagen und Grabungen 2002–2003. In: Hemmenhofer Scripte, Freiburg im Breisgau 2012.
SCHLICHTHERLE, Helmut: Die jungsteinzeitlichen Radfunde vom Federsee und ihre kulturgeschichtliche Bedeutung. Janus im Netz.
https://janus-im-netz.de/file/hs3/schlichtherle.pdf
SCHÖBEL, Gunter: H. Reinerth 1900–1990. Karriere und Irrwege eines Siebenbürger Sachsen in der Wissenschaft, während der Weimarer Zeit und (während) des Totalitarismus in Mittel- und Osteuropa. In: Acta Siculica, S. 145–188, Sfântu Gheorghe 2008.
WAHL, Joachim: Anthropologische Begutachtung der menschlichen Skelette von Bodman-Weiler II. In: Hemmenhofener Scripte 7: Bodman-Weiler II – eine Ufersiedlung der Horgener Kultur vor Bodman, Kreis Konstanz, S. 67–68, Freiburg im Breisgau 2007.
WAHL, Joachim: Die menschlichen Skelettreste der Horgener Siedlungen Allensbach-Strandbad der Grabungen 1984–1988 und 2003. In: Hemmenhofener Scripte 10: Allensbach-Strandbad AsC1 – eine Ufersiedlung der späten Horgener Kultur am Bodensee-Untersee, Kreis Konstanz. Funde und Befunde aus den Sondagen und Grabungen 2002–2003, S. 199–203, Freiburg im Breisgau 2015.

Die Saône-Rhône-Kultur
BOCKSBERGER, Alain: Site préhistorique avec dalles à gravures anthropomorphes et cistes du Petit-Chasseur à Sion. In: Jahrbuch der Schweizerischen Gesellschaft für Ur- und Frühgeschichte, S. 29–46, Basel 1964.
BOCKSBERGER, Olivier-Jean: Le Dolmen MVI. Texte, Lausanne 1976.
EGLOFF, Michel / GAMPER, Gertraud: Auvernier. https://hls-dhs-dss.ch/de/articles/002823/2019-04-03/
GALLAY, Alain / KAENEL, Gilbert / WIBLÈ, François: Das Wallis vor der Geschichte, Sitten 1986.
GALLAY, Alain / CHAIX, Louis: Le Dolmen MXI. In: Documents annexes, Lausanne 1984.
GALLAY, Gretel / SPINDLER, Konrad: Le Petit-Chasseur – chronologische und kulturelle Probleme. In: Helvetia archaeologica, S. 62–89, Basel 1971.
QUITTA, Hans: Saône-Rhône-Kultur. In: HERRMANN, Joachim: Lexikon früher Kulturen, S. 225, Leipzig 1984.
SAUTER, Marc-Rodolphe: Olivier-Jean Bocksberger † (1925–1970). In: Jahrbuch der Schweizerischen Gesellschaft für Ur- und Frühgeschichte, S. 285, Basel 1971.
STAMPFLI, Hans R.: Osteoarchaeologische Untersuchung des Tierknochenmaterials der spätneolithischen Ufersiedlung Auvernier La Saunerie, Solothurn 1976.
STRAHM, Christian: Neolithische Siedlung in Auvernier, La Saunerie 1965. In: Urschweiz, S. 63–66, Basel 1965.
STRAHM, Christian: Eine jungsteinzeitliche Siedlung in Yverdon. In: Helvetia archaeologica, S. 3–7, Basel 1970.
STRAHM, Christian: Die chronologische Bedeutung der Ausgrabungen in Yverdon. In: Jahrbuch des Römisch-Germanischen Zentralmuseums Mainz, S. 65–72, Mainz 1973.
STRAHM, Christian: Die Saône-Rhône-Kultur. In: Archäologisches Korrespondenzblatt, S. 273–282, Mainz 1975.

THEVENOT, Jean Paul / STRAHM, Christian / BEE-
CHING, Alain / BILL, Jakob / BOQUET, Aimé / GALLAY,
Alain / PETREQUIIN, Pierre / SCHIFFERDECKER, François: La Civilisation Saône-Rhône. In: Revue Archéologique
de l'Est, S. 331–420 Dijon 1976.
WIKIPEDIA (Online-Lexikon): Saône-Rhône-Kultur.
https://de.wikipedia.org/wiki/Sa%C3%B4ne-Rh%C3%B4ne-Kultur
WÜTHRICH, Sonia: Auvernier-La Saunerie. In: Historisches
Lexikon der Schweiz.
https://hls-dhs-dss.ch/de/articles/055508/2019-04-03/

Autor Ernst Prolbst.
Foto: Klaus Benz, Fotograf Mainz-Laubenheim

Der Autor

Ernst Probst, geboren am 20. Januar 1946 in Neunburg vorm Wald im bayerischen Regierungsbezirk Oberpfalz, ist Journalist und Wissenschaftsautor. Er arbeitete von 1968 bis 1971 bei den „Nürnberger Nachrichten", von 1971 bis 1973 in der Zentralredaktion des „Ring Nordbayerischer Tageszeitungen" in Bayreuth und von 1973 bis 2001 bei der „Allgemeinen Zeitung", Mainz. In seiner Freizeit schrieb er Artikel für die „Frankfurter Allgemeine Zeitung", „Süddeutsche Zeitung", „Die Welt", „Frankfurter Rundschau", „Neue Zürcher Zeitung", „Tages-Anzeiger", Zürich, „Salzburger Nachrichten", „Die Zeit", „Rheinischer Merkur", „Deutsches Allgemeines Sonntagsblatt", „bild der wissenschaft", „kosmos", „Deutsche Presse-Agentur" (dpa), „Associated Press" (AP) und den „Deutschen Forschungsdienst" (df). Aus seiner Feder stammen die Bücher „Deutschland in der Urzeit" (1986), „Deutschland in der Steinzeit" (1991), „Rekorde der Urzeit" (1992), „Dinosaurier in Deutschland" (1993 zusammen mit Raymund Windolf) und „Deutschland in der Bronzezeit" (1996). Von 2001 bis 2006 betätigte sich Ernst Probst als Buchverleger sowie zeitweise als internationaler Fossilienhändler und Antiquitätenhändler. Insgesamt veröffentlichte er mehr als 300 Bücher, Taschenbücher, Broschüren und über 300 E-Books.

Bücher von Ernst Probst

(Auswahl)

Als Mainz im Meer lag
Als Mainz noch nicht am Rhein lag
Christl-Marie Schultes. Die erste Fliegerin in Bayern (zusammen mit Theo Lederer)
Der Europäische Jaguar
Der Mosbacher Löwe. Die riesige Raubkatze aus Wiesbaden
Der Rhein-Elefant. Das Schreckenstier von Eppelsheim
Der Schwarze Peter. Ein Räuber im Hunsrück und Odenwald
Der Ur-Rhein. Rheinhessen vor zehn Millionen Jahren
Deutschland im Eiszeitalter
Deutschland in der Frühbronzezeit
Deutschland in der Mittelbronzezeit
Deutschland in der Spätbronzezeit
Die Aunjetitzer Kultur in Deutschland
Die Straubinger Kultur in Deutschland
Die Singener Gruppe
Die Arbon-Kultur in Deutschland
Die Ries-Gruppe und die Neckar-Gruppe
Die Adlerberg-Kultur
Der Sögel-Wohlde-Kreis
Die nordische Bronzezeit in Deutschland
Die Hügelgräber-Kultur in Deutschland
Die ältere Bronzezeit in Nordrhein-Westfalen
Die Bronzezeit in der Lüneburger Heide
Die Stader Gruppe
Die Oldenburg-emsländische Gruppe

Die Urnenfelder-Kultur in Deutschland
Die ältere Niederrheinische Grabhügel-Kultur
Die Unstrut-Gruppe
Die Helmsdorfer Gruppe
Die Saalemündungs-Gruppe
Die Lausitzer Kultur in Deutschland
Die Dolchzahnkatze Megantereon
Die Dolchzahnkatze Smilodon
Die Säbelzahnkatze Homotherium
Die Säbelzahnkatze Machairodus
Die Schweiz in der Frühbronzezeit
Die Rhône-Kultur in der Westschweiz
Die Arbon-Kultur in der Schweiz
Die Schweiz in der Mittelbronzezeit
Die Schweiz in der Spätbronzezeit
Dinosaurier von A bis K. Von Abelisaurus bis zu Kritosaurus
Dinosaurier von L bis Z. Von Labocania bis zu Zupaysaurus
Der rätselhafte Spinosaurus. Leben und Werk des Forschers Ernst Stromer von Reichenbach
Eiszeitliche Geparde in Deutschland
Eiszeitliche Leoparden in Deutschland
Frauen im Weltall
Hildegard von Bingen. Die deutsche Prophetin
Höhlenlöwen. Raubkatzen im Eiszeitalter
Julchen Blasius. Die Räuberbraut des Schinderhannes
Johann Jakob Kaup. Der große Naturforscher aus Darmstadt
Königinnen der Lüfte
Königinnen der Lüfte in Deutschland
Königinnen der Lüfte in Europa
Königinnen der Lüfte in Frankreich

Königinnen der Lüfte in England und Australien
Königinnen der Lüfte in Amerika
Königinnen der Lüfte von A bis Z
Königinnen des Tanzes
Malende Superfrauen
Meine Worte sind wie die Sterne Die Entstehung der Rede des Häuptlings Seattle (zusammen mit Sonja Probst, verheiratete Werner)
Monstern auf der Spur. Wie die Sagen über Drachen, Riesen und Einhörner entstanden
Neues vom Ur-Rhein. Interview mit dem Geologen und Paläontologen Dr. Jens Sommer
Österreich in der Frühbronzezeit
Österreich in der Mittelbronzezeit
Österreich in der Spätbronzezeit
Pompadour und Dubarry. Die Mätressen von Louis XV.
Raub-Dinosaurier von A bis Z. Mit Zeichnungen von Dmitry Bogdanav und Nobu Tamura
Rekorde der Urmenschen. Erfindungen, Kunst und Religion
Rekorde der Urzeit. Landschaften, Pflanzen und Tiere
Säbelzahnkatzen. Von Machairodus bis zu Smilodon
Säbelzahntiger am Ur-Rhein. Machairodus und Paramachairodus
Superfrauen aus dem Wilden Westen
Superfrauen 1 – Geschichte
Superfrauen 2 – Religion
Superfrauen 3 – Politik
Superfrauen 4 – Wirtschaft und Verkehr
Superfrauen 5 – Wissenschaft
Superfrauen 6 – Medizin
Superfrauen 7 – Film und Theater
Superfrauen 8 – Literatur

Superfrauen 9 – Malerei und Fotografie
Superfrauen 10 – Musik und Tanz
Superfrauen 11 – Feminismus und Familie
Superfrauen 12 – Sport
Superfrauen 13 – Mode und Kosmetik
Superfrauen 14 – Medien und Astrologie
Tony und Bruno Werntgen. Zwei Leben für die Luftfahrt (zusammen mit Paul Wirtz)
Was ist ein Menhir? Interview mit dem Mainzer Archäologen Dr. Detert Zylmann
Wer ist der kleinste Dinosaurier? Interviews mit dem Wissenschaftsautor Ernst Probst
Wer war der Stammvater der Insekten? Interview mit dem Stuttgarter Biologen und Paläontologen Dr. Günther Bechly
6000 Jahre Kastel. Von der Steinzeit bis zum 21. Jahrhundert
5000 Jahre Kostheim. Von der Steinzeit bis zum 21. Jahrhundert
Kastel in der Vorzeit. Von der Jungsteinzeit bis Christi Geburt
Kostheim in der Vorzeit. Von der Jungsteinzeit bis Christi Geburt
Wiesbaden in der Steinzeit
Anno 1.000.000. Deutschland in der älteren Altsteinzeit
Das Protoacheuléen. Eine Kulturstufe der Altsteinzeit vor etwa 1,2 Millionen bis 600.000 Jahren
Das Altacheuléen. Eine Kulturstufe der Altsteinzeit vor etwa 600.000 bis 350.000 Jahren
Das Jungacheuléen. Eine Kulturstufe der Altsteinzeit vor etwa 350.000 bis 150.000 Jahren
Das Spätacheuléen. Eine Kulturstufe der Altsteinzeit vor etwa 150.000 bis 100.000 Jahren
Die Lanze von Lehringen. Der Jahrhundertfund aus der

Altsteinzeit
Das Moustérien. Die große Zeit der Neanderthaler
Das Aurignacien. Eine Kulturstufe der Altsteinzeit vor etwa 40.000 bis 31.000 Jahren
Das Gravettien. Eine Kulturstufe der Altsteinzeit vor etwa 35.000 bis 24.000 Jahren
Das Magdalénien. Eine Kultustufe der Altsteinzeit vor etwa 18.000 bis 12.000 Jahren
Die Hamburger Kultur. Eine Kulturstufe der Altsteinzeit vor etwa 15.700 bis 14.200 Jahren
Die Federmesser-Gruppe. Eine Kulturstufe der Altsteinzeit vor etwa 14.000 bis 12.800 Jahren
Das Steinzeit-Grab von Bonn-Oberkassel. Ein rätselhafter Fund aus der Zeit der Federmesser-Gruppen
Die Ahrensburger Kultur. Eine Kulturstufe der Altsteinzeit vor etwa 12.700 bis 11.650 Jahren
Die Altsteinzeit in Österreich. Jäger und Sammler vor 250.000 bis 10.000 Jahren
Das Jungacheuléen in Österreich
Das Moustérien in Österreich
Das Aurignacien in Österreich
Das Gravettien in Österreich
Das Magdalénien in Österreich
Das Magdalénien in der Schweiz
Die Mittelsteinzeit
Deutschland in der Mittelsteinzeit
Die Mittelsteinzeit in Baden-Württemberg
Die Mittelsteinzeit in Bayern
Die Mittelsteinzeit in Rheinland-Pfalz
Die Mittelsteinzeit in Hessen
Die Mittelsteinzeit in Nordrhein-Westfalen

Die Mittelsteinzeit in Niedersachsen
Die Mittelsteinzeit in Thüringen, Sachsen-Anhalt, Sachsen und im südlichen Brandenburg
Die Mittelsteinzeit in Schleswig-Holstein, Mecklenburg und im nördlichen Brandenburg
Die Jungsteinzeit. Eine Periode der Steinzeit vor etwa 5.500 bis 2.300 v. Chr.
Die ersten Bauern in Deutschland. Die Linienbandkeramische Kultur (5.500 bis 4.900 v. Chr.)
Die Ertebölle-Ellerbek-Kultur. Eine Kultur der Jungsteinzeit vor etwa 5.000 bis 4.300 v. Chr.
Die Stichbandkeramik. Eine Kultur der Jungsteinzeit vor etwa 4.900 bis 4.500 v. Chr.
Die Oberlauterbacher Gruppe. Eine Kulturstufe der Jungsteinzeit vor etwa 4.900 bis 4.500 v. Chr.
Die Hinkelstein-Gruppe. Eine Kulturstufe der Jungsteinzeit vor etwa 4.900 bis 4.800 v. Chr.
Die Rössener Kultur. Eine Kultur der Jungsteinzeit vor etwa 4.600 bis 4.300 v. Chr.
Die Kupferzeit. Wie die ersten Metalle in Mitteleuropa bekannt wurden
Die Michelsberger Kultur. Eine Kultur der Jungsteinzeit vor etwa 4.300 bis 3.500 v. Chr.
Das Rätsel der Großsteingräber. Die nordwestdeutsche Trichterbecher-Kultur vor etwa 4.300 bis 3.000 v. Chr.
Die Baalberger Kultur. Eine Kultur der Jungsteinzeit vor etwa 4.300 bis 3.700 v. Chr.
Pfahlbauten in Süddeutschland. Dörfer der Jungsteinzeit und Bronzezeit an Seen, Mooren und Flüssen
Die Altheimer Kultur / Die Pollinger Gruppe. Zwei Kulturen der Jungsteinzeit vor etwa 3.900 bis 3.500 v. Chr.
Die Salzmünder Kultur. Eine Kultur der Jungsteinzeit vor

etwa 3.700 bis 3.200 v. Chr.
Die Chamer Gruppe. Eine Kulturstufe der Jungsteinzeit vor etwa 3.500 bis 2.800 v. Chr.
Die Wartberg-Kultur. Eine Kultur der Jungsteinzeit vor etwa 3.500 bis 2.800 v. Chr.
Die Walternienburg-Bernburger Kultur. Eine Kultur der Jungsteinzeit vor etwa 3.200 bis 2.800 v. Chr.
Die Kugelamphoren-Kultur. Eine Kultur der Jungsteinzeit vor etwa 3.100 bis 2.700 v. Chr.
Die Schnurkeramischen Kulturen. Kulturen der Jungsteinzeit von etwa 2.800 bis 2.400 v. Chr.
Die Einzelgrab-Kultur. Eine Kultur der Jungsteinzeit vor etwa 2.800 bis 2.300 v. Chr.
Die Schönfelder Kultur. Eine Kultur der Jungsteinzeit vor etwa 2.800 bis 2.200 v. Chr.
Die Glockenbecher-Kultur. Eine Kultur der Jungsteinzeit vor etwa 2.500 bis 2.200 v. Chr.
Die ersten Bauern in Österreich. Die Linienbandkeramische Kultur vor etwa 5.500 bis 4.900 v. Chr.
Die Lengyel-Kultur in Österreich. Eine Kultur der Jungsteinzeit vor etwa 4.900 bis 4.400 v. Chr.
Die Mondsee-Gruppe. Eine Kulturstufe der Jungsteinzeit vor etwa 3.700 bis 2.900 v. Chr.
Die Badener Kultur in Österreich. Eine Kultur der Jungsteinzeit vor etwa 3.600 bis 2.900 v. Chr.
Die ersten Pfahlbauten in der Schweiz. Die Anfänge der Pfahlbauforschung und die Egolzwiler Kultur
Die Cortaillod-Kultur. Eine Kultur der Jungsteinzeit vor etwa 4.000 bis 3.500 v. Chr.
Die Pfyner Kultur in der Schweiz. Eine Kultur der Jungsteinzeit vor etwa 4.000 bis 3.500 v. Chr.
Die Horgener Kultur in der Schweiz. Eine Kultur der

Jungsteinzeit vor etwa 3.500 bis 2.800 v. Chr.
Die Schnurkeramiker in der Schweiz. Eine Kultur der Jungsteinzeit vor etwa 2.800 bis 2.400 v. Chr.

www.ingramcontent.com/pod-product-compliance
Lightning Source LLC
Chambersburg PA
CBHW050248220526
45465CB00002B/593